都市経営研究叢書1

まちづくりイノベーション

公民連携・パークマネジメント・エリアマネジメント

佐藤道彦・佐野修久［編］

日本評論社

『都市経営研究叢書シリーズ』
刊行にあたって

　21世紀はアジア・ラテンアメリカ・中東・アフリカの都市化と経済発展の時代であり、世界的には、人類の過半が都市に住む都市の時代が到来しています。

　ところが、「人口消滅都市(※注)」などの警鐘が鳴らされているように、逆に先進国都市では、人口の減少、高齢化、グローバル化による産業の空洞化が同時進展し、都市における公共部門やビジネス等の活動の課題はますます複雑になっています。なぜなら、高齢化等により医療・福祉などの公共需要はますます増大するにもかかわらず、人口減少・産業の空洞化が同時進行し、財政が緊迫するからです。

　※注：2014年に日本創成会議（増田寛也座長）が提唱した概念

　このため、これからは都市の行政、ビジネス、非営利活動のあらゆる分野で、スマート（賢く）でクリエイティブ（創造的）な課題解決が求められるようになります。人口減少と高齢化の時代には、高付加価値・コストパフォーマンスの高いまちづくりや公民連携（PPPやPFI）が不可欠です。今後重要性の高い、効果的なまちづくりや政策分析、地域再生手法を研究する必要があります。また、人口減少と高齢化の時代には、地方自治体の行政運営の仕方、ガバナンスの課題が大変重要になってきます。限られた財政下で最大の効果を上げる行政を納税者に納得して進

めていくためにも、合意形成のあり方、市民参画、ガバメント（政府）からガバナンス（運営と統治）への考え方の転換、NPOなどの新しい公共、そして法や制度の設計を研究する必要があります。また、産業の空洞化に対抗するためには、新産業の振興、産業構造の高度化が不可欠であり、特に、AIなどのICT技術の急速な進歩に対応し、都市を活性化する中小・ベンチャーの経営革新により、都市型のビジネスをおこす研究が必要です。一方、高齢化社会の到来で、医療・社会福祉・非営利サービス需要はますます増大いたしますが、これらを限られた財政下で整備するためにも、医療・福祉のより効率的で効果的な経営や倫理を研究し、イノベーションをおこさないといけません。

　これらから、現代社会において、都市経営という概念、特に、これまでの既存の概念に加え、産業や組織の革新（イノベーション）と持続可能性（サスティナビリティ）というコンセプトを重視した都市経営が必要となってきています。

　このために、都市経営の基礎となるまちづくり、公共政策・産業政策・経済分析や、都市経営のための地方自治体の行政改革・ガバナンス・公共政策、都市を活性化する中小ベンチャーの企業経営革新やICT化、医療・福祉の経営革新等の都市経営の諸課題について、都市を支える行政、NPO、プランナー、ビジネス、医療・福祉活動等の主要なセクターに属する人々が、自らの現場で抱えている都市経営の諸課題を、経済・経営・政策・法／行政・地域などの視点から、都市のイノベーションとサスティナビリティを踏まえて解決できるように、大阪市立大学は、指導的人材やプロフェッショナル／実務的研究者を養成する新しい大学院として都市経営研究科を、2018年（平成30年）4月に開設いたしました。

　その新しい時代に求められる教程を想定するとともに、広く都市経営に関わる諸科学に携わる方々や、学ばれる方々に供するため、ここに、『都市経営研究叢書』を刊行いたします。

都市経営研究科 開設準備委員会委員長　桐山　孝信

都市経営研究科 初代研究科長　小長谷　一之

序

　まちづくりに終わりはない。
　近代大阪市の都市計画の基礎を築いた関一(せきはじめ)市長は、都市計画とは真っ白なキャンパスに書くものではなく、まちの歪みを訂正することにあるとの考え方のもと、新たな発想を取り入れながら現状を修復することにより大阪市のまちづくりを進めた。
　まちづくりとは、時代が都市のあり方を要請し、都市がそれを認識して変容していく様である。
　都心の高層ビル街と緑地の誕生、古い町並みの保存と再生、産業エリアの再編成、新市街地での住宅群の誕生とリノベーション、鉄道駅周辺での土地利用の変動など、さまざまな顔を都市というキャンバスに作り出していくその都市建設の過程において、行政主体から民間企業の参入へ、さらに近年ではNPOなどまちづくり団体の参画へ、というようにまちづくりの仕組みや街の運営に新たな主体や方法論が展開され、都市システムは変容してきている。
　こうした新たな連携と仕組みの創設をまちづくりイノベーションと名づけよう。
　まちづくりイノベーションの実践は、これまでは法制度や予算化により公のコントロール下で行われてきたが、現在では公と民が役割分担する公民連携の形を取りながら民の発想やアイデアを組み込んで展開されている。
　公共事業においても、2006年（平成18年）に成立した「競争の導入による公共サービスの改革に関する法律」を契機に、公物たる施設の所有権や管理権限を行政が有したままその運営を企業や市民NPOなどが担う上下分離方式や、建設から運営までを一定期間民間事業者に委ねた後に所有権や管理権を行政に移行するなど、所有と運営管理を分離する

公民連携方式でまちづくりをマネジメントする時代を迎えている。

一方、2006年（平成18年）6月に成立した「行政改革推進法」では行政機関のスリム化が盛り込まれ、2007年（同19年）6月の「地方公共団体財政健全化法」では公営企業や第3セクターを含む財務状況を公表し、財政運営を見直しを迫るなど、行政システムの効率化を推進する方向性が明確化された。

これらを都市経営の主体という視点から見ると、中央集権から地方分権へと地方自治体へ行政権限が委ねられる一方、公的事業においても公主体の仕組みから効率化をねらいとして、公と民の役割分担する公民連携へと移行し、いわばダブルの権限委譲が進められていることがわかる。

公民連携により事業が進められるためには、都市の将来像を広域的に鳥瞰し、まちのビジョンや方向性を見据えながら、それを今実現するにふさわしい仕組みを考えるイノベーションマインドを行政体がもたなければならないし、そうした人材群を育て、また組織としての運営につなげていくノウハウを学ばなければならない。

いくつかの地方自治体では、公共事業への大胆な民間参入の仕組みが作られ、あるいはエリアマネジメントやその発展系であるBID制度の創設など、まちづくり団体やNPO団体などが中心となる具体的な動きが始まっている。

国においても、下水道事業においては民営化へのガイドラインが示され、都市公園関連法の改正により公園の空間利用が拡充され、また水道事業のコンセッション方式が法制度化されるなど、インフラ公共財を行政が保有し、民間がその運営を行うという方向に公物管理システムが動き出している。

また、日本版BID制度として、地域再生エリアマネジメント負担金制度が地域再生法の改正により設立され、これにより都心部での新たな開発などにおいて、民間事業者が公的空間も含めた管理運営できる仕組みが創設されている。

これらの背景には、日本経済の長期低成長と人口減少時代下において首都圏以外の地方の衰退が加速しているなか、成長期に拡張整備された

都市インフラの管理運営コストと利用頻度がアンバランスになって、地方自治体の経営を圧迫していること、税収の長期低迷が続き、財源不足と人材の確保が困難となるなか、これまでのように市民からの行政ニーズすべてを行政が担うことが困難であり、また非効率になってきているという現実課題への対応が挙げられよう。

　本叢書シリーズの第1巻目のテーマとして新しいまちづくりのイノベーションを取り上げたが、本書では、こうした流れを俯瞰的に分析し、今日取り組まれている制度や事業の視点や課題を整理しながら、今日的なまちづくりイノベーションを考察する。

　ここからは、以下に本書における公民連携（PPP）の概説と、各章の構成と概要をたどってみる。

　まず、公民連携の構図であるが、本書第2部第4章47ページの図4-2で示したように、公共施設等の整備を伴う場合、公共サービスを「建設」と「管理運営」の2つの視点から分類した場合、「公設公営」「公設民営」「民設公営」「民設民営」の4つに分類される。

　この4分類を公と民の役割分担として整理すると、
　①建設・管理運営ともに行政が担う従来型の「公設公営」においては、管理運営を構成する一部の業務を委託する「業務委託」
　②建設を行政が、管理運営を民間が担う「公設民営」では「指定管理者制度」（公の施設）、「管理運営委託」（公の施設以外）等
　③建設を民間が、管理運営を行政が担う「民設公営」では、「施設譲受」、「施設借用」
　④建設・管理運営ともに民間が担う「民設民営」では「PFI」
など、多様な形態がある。

　こうした考え方から本書の主題の1つであるパークマネジメントを考える。

　もともと、公園の管理・運営は、業務の一部を指示どおりに行うことを委託契約で定める「業務委託」が中心であったが、最近ではこれを民間等に委ねる「指定管理者制度」に移行してきている。

さらに、本書で紹介する「大阪城公園」では「指定管理者制度」を適用し、また「天王寺公園」では設置許可により、それぞれ新規投資事業を民間事業者に委ねる方式で大きな効果を発揮している。

通常の指定管理制度では行政が指定管理料を支払うだけであり、またPFI事業では行政が「サービス購入料」として事業者に支払うという流れが一般的であるが、大阪市の事例では、行政は基本的に予算の支出をせず、事業主体が都市公園というフィールドを活用して「稼げる」ビジネスを行い、その結果、事業収益により採算がとれたという事例である。これは設置許可や指定管理者制度における事業者との契約期間を20年間とする等、民間事業者の収益性を向上させる仕組みを取り入れたものであり、その後の都市公園法の改正やパークPFI制度の創設につながったものと考えられる。

この事例では、行政の予算支出は必要ないどころか、民間事業者が行政に余剰を返す「親孝行」までしている。こうしたことは、集客に有利な立地であり、ビジネスとして成功するように上手くプランニングされているという公園の立地条件が成功の鍵となっており、民間の収益事業のノウハウが公園運営に生かされたことで公園が賑わいの拠点となり、市民の楽しみを増大しWin-Winの結果となったものである。

ただ、注意しなければならないのは、この成功事例をもってインフラの管理運営すべてにこうしたシステムが有効であると考えるのは早計であることである。インフラの分野やその立地条件などによりケースバイケースで方法論を考察・工夫する必要があることを申し添える。

次に、もうひとつの大阪市の成功例として、BID（業務改善地区）の考えを取り入れたエリアマネジメントがある。

本来、諸外国のBIDが日本の多くのTMO（タウンマネジメント組織）と比較し、成功している大きな理由のひとつは、諸外国では、行政がまちづくり計画を認定すれば、BID団体は地域から負担金を徴収できるという強力な財政的裏付けがあったからであるが、日本ではこのことが難しかった。

大阪版BIDでは、以下に示したように、既存法を組み合わせて適用

することでこのことを可能とした。
①「地方自治法第224条」に基づき、自治体が「分担金条例」を地区ごとに制定でき、公共施設に限って受益者から分担金を徴収・交付できる点に注目し、これを適用した。
②「都市再生法第73条」により、都市再生整備推進法人をBID運営団体とした。
③「都市再生法第46条」「都市計画第12条」により地区計画・都市再生整備計画を立案することを規定した。
④「都市再生法第73条第3項」により都市便利増進協定を締結しエリアマネジメントをする地区を明確化した。
⑤一連の流れを担保するため、2014（平成26年）年に「大阪市エリアマネジメント活動促進条例」を制定した。
⑥この市条例の第2条に基づき、「地区運営計画の作成（年度ごと）」を行い、市長の認定のもとに、管理をBID団体に移管することにした。

このように、まちづくり手法は、公民連携を軸に進化し、まちづくりイノベーションを起こす段階にきている。

以下に、各章での内容を概説する。
第1部では、公民連携によるまちづくり制度の動きと公園のパークマネジメントの制度について述べる。
第1章では、公民連携に至るまでの地方分権制度の流れや第3セクター方式など公共事業の運営形態の変化の背景やPFI方式やコンセッション方式など新たな民間参入制度の経過などを解説した。
第2章では、パークマネジメントに焦点を当て、収益性という観点から公園の管理運営方法やその意義、今後考えるべき方法論などについて記述した。
第2部では、まちづくりにとって重要なツールとなる公民連携（PPP）について述べた。
第3章において、PPPの意義・背景等を記述した。

第4章では、PPPにおける類型やさまざまな形態について、そのストラクチャー、特徴、これらの形態から最適なものを選択するための考え方などについて解説した。

　第5章では、近年重視されているPPP手法である包括化、付帯事業を付加したPFI事業、民間施設等の収益を活用した公共施設等の整備を紹介するとともに、PPPを円滑に進めるためのツールとなるサウンディング調査についても記述した。

　第6章では、PPPを活用してまちづくりを行うための方向や留意点などについて記述した。

　第3部では、大阪市でのまちづくりイノベーションについて述べる。まず歴史的系譜を記述し、最近の画期的な制度導入事例として天王寺公園と大阪城公園において実施したパークマネジメントの実践事例とうめきた開発概要に加え、エリアマネジメント制度として導入したBID制度に関して述べた。

　第7章では、大阪市においてどのような背景から先駆的なまちづくりが行われたのか、そのまちづくりイノベーションの系譜と概要を記述した。

　第8章では、大阪市の都市魅力戦略として実施した、大規模公園での民間参入の経過とともに天王寺公園と大阪城公園でのパークマネジメントの仕組みとその成果などを詳細に記述した。

　第9章では、うめきた開発と産業イノベーション機能の導入の経過とあわせてエリアマネジメントの発展系であるBID制度の実践をうめきた開発のなかでどのように実施したかを記述した。

　第8章、第9章においては、パークPFIや地域再生エリアマネジメント負担金制度という国における新制度創設の先駆けとして実施した独自取り組みの考え方と仕組みを詳述しており、大いに参考になるものと考える。

　最後に、本書が公民連携・パークマネジメント・エリアマネジメントなどのまちづくりイノベーションについて関心のあるすべての学徒、研

究者、実務家、行政マン、ビジネスマンにとって役立つことを希望して序といたします。

2019年1月

佐藤　道彦

目 次

『都市経営研究叢書シリーズ』刊行にあたって......iii

序......v

第1部　まちづくりの新たな潮流

第1章　公民連携によるまちづくりの流れ　002

Ⅰ．公共事業と公営事業......005
Ⅱ．第3セクター方式......008
Ⅲ．土地信託方式......011
Ⅳ．指定管理者制度......012
Ⅴ．PFI制度......013
Ⅵ．包括的民間委託事業......014
Ⅶ．コンセッション方式......015

第2章　新たな公民連携としてのパークマネジメント　017

Ⅰ．都市公園を取り巻く環境の変化......017
Ⅱ．公園の機能や効果......018
Ⅲ．パークマネジメントの動き......020
Ⅳ．都市緑地法（都市公園法）等の一部を改正する法律案施行......023
Ⅴ．地域の実情や公園のポテンシャルの違いによるパークマネジメントの課題......024
Ⅵ．地域経営のための経営資産である公園価値と公園ストックの活用......028
Ⅶ．これからの戦略的パークマネジメント、パークPFI......031
Ⅷ．パークマネジメントへの新規参入とイノベーション......036

第2部　PPPとまちづくり

第3章　PPPの概要　　040

Ⅰ．PPPの意義......040
Ⅱ．PPP活用の背景と効果......041
Ⅲ．PPPをめぐる国の動き......042

第4章　PPPの類型・事業形態　　045

Ⅰ．PPPの類型......045
Ⅱ．公共サービス型PPPの事業形態......046
Ⅲ．公有資産活用型PPPの事業形態......073

第5章　近年重視されているPPP　　079

Ⅰ．包括化PPP......079
Ⅱ．PFI＋付帯事業......083
Ⅲ．民間施設等の収益を活用した公共施設等の整備......084
Ⅳ．サウンディング調査......085

第6章　まちづくりにおけるPPP　　089

Ⅰ．まちづくりにおけるPPPの活用方向......089
Ⅱ．これまでのまちづくりの特徴と問題点......091
Ⅲ．PPPを活用したまちづくりを推進するための留意点......092

第3部 大阪市におけるまちづくりイノベーション

第7章 大阪市の公民連携の系譜　098

Ⅰ．公民連携のまちづくりDNA……098
Ⅱ．関一市長のまちづくり……099
Ⅲ．近年における公民連携のまちづくり……105

第8章 大阪市のパークマネジメント　114

Ⅰ．大阪市でのパークマネジメントの取り組み……114
Ⅱ．大阪城公園におけるパークマネジメント……126
Ⅲ．天王寺公園におけるパークマネジメント……130
Ⅳ．大規模公園での公民連携の取り組み……135

第9章 うめきたイノベーションエコシステムとエリアマネジメントの構築　146

Ⅰ．うめきたのまちづくり……146
Ⅱ．知的創造拠点の創造に向けて……162
Ⅲ．ナレッジ・キャピタル構想の実現……165
Ⅳ．うめきたのエリアマネジメントの実践……177

執筆者紹介……202
編者紹介……204

第 1 部

まちづくりの新たな潮流

第1章

公民連携による
まちづくりの流れ

　近年のまちづくりに関するわが国の制度変遷をみると、国家による中央集権から地方自治体への権限移譲による地方分権への流れがあり、一方で公共事業においては公主体から公民連携へとその流れが大きく変化してきている。

　地方分権制度は、1999年（平成11年）に地方分権一括法が成立されて以降、国と地方の役割分担が変わり、地域における行政は地方自治体が担うこととなり、地方自治体も都道府県から基礎自治体である市へと権限が移譲されている。2014年（同16年）には地方自治体からの分権改革の提案を受ける制度が構築され、2018年（同30年）6月では都道府県から中核都市への権限移譲などを含む第8次地方分権一括法が公布され、分権の流れがより一層具体的に進んでいる。

　こうした地方分権の流れの中で、まちづくりに関しては、2000年（平成12年）都市計画法の一部が改正され、都市計画決定の権限が自治事務となり市町村に大幅に移譲された。市町村によってはその分権を独自に推進するため市民参加を取り入れ、条例や都市計画に関するプランや開発規制などの基準策定への住民参加システムを創設するなどの動きが出てきている。

　まちづくり分野で権限移譲にふさわしいものとは、地方の行政体が地域住民と協議し、地方のことは地方で決めるという方法論を取ることが合理的と考えられる事柄であろう。

　現在のところ、都市計画区域や用途地域の決定などの土地利用規制や公園・道路などの都市施設、市街地開発事業において移譲され、その決

定に当たっても市町村にとって上位団体である国や都道府県の認可が必要であったものが協議・同意へと緩和されている。

　こうした権限の移譲は、まちづくりが地域主体に進む現在、時代の流れに沿うものと考えられ歓迎すべきものであるが、具体的なまちづくりが進む過程において、権限委譲や分権をより進め、基礎自治体が権限と責任をもって自己決定し、事業や施策が実行できる仕組みについて更に検討する必要があろう（表 1-1）。

　一方、こうした流れとは別に、2007 年（平成 19 年）に「地方公共団体の財政健全化に関する法律」いわゆる財政健全化法が施行され、地方公共団体の公社や第 3 セクター、公営企業の負債などを含めた地方自治体の財政状況を指標化し公表することが義務化された。このことは財政運営の透明化とその運用方法の適正化を迫るものであった。

　このような背景から公共事業の効率性や集約化あるいは事業コストの縮減などから、公共事業の実施主体が公主体から PFI など民間の参画が大きく認められ、公民連携制度の構築が進んできた。

　この 2 つの流れは、別の次元から流れ出たものであるが、より望ましいまちづくり主体が誰なのかを考えた場合、今後一連のものとして合流していくと考えられる。

　すなわち、都市経営への市民参画の進展は、まちづくり方針の策定への参画にとどまらず、コミュニティビジネスやエリアマネジメント事業の実施主体へと広がりを見せようとしている。

　市民団体や NPO 団体では経営力の限度があり小規模な事業にとどまらざるを得ない反面、民間企業では事業採算性の確保が難しければ参画しないという現状があり、地域に根ざした経営ノウハウをもつ主体（BID はその主体の 1 つと考えられる）が今後まちづくり事業を担うのではないかと考えられる。

　また、地方自治体を取り巻く状況を見ると、人口減少の加速化や都市インフラの老朽化や自然災害の増大などにより、人材と財源の不足という問題は時を経るにつれ、ますます深刻化していく。これに対処するためには、支出を削減しかつ収益性を確保するという観点から民間導入の

表1-1 都市計画制度における権限

年	1968〜1999	2000	2012
地方分権改革	—	第1次	第2次
都市計画事務	機関委任事務	自治事務	基礎自治体への権限委譲
国	・都道府県の都市計画の認可	・都道府県の都市計画の協議・同意	・都道府県の都市計画の協議・同意
都道府県	・市町村の都市計画の認可 ・都市計画区域指定 ・区域区分 ・用途地域 三大都市圏・県庁所在市・25万人以上の市等の用途地域 ・都市施設 (例)4ha以上の公園 ・市街地開発事業 (例)20ha超の土地区画整理事業	・市町村の都市計画の協議・同意 ・都市計画区域指定 ・マスタープラン ・区域区分 ・用途地域 三大都市圏の用途地域 ・都市施設 (例)10ha以上の公園　指定都市に移譲 ・市街地開発事業 (例)50ha超の土地区画整理事業	・市町村の都市計画の協議・同意 ・都市計画区域指定 ・マスタープラン ・区域区分 ・都市施設 (例)国・都道府県が設置する10ha以上の公園 ※指定都市は国設置のものを除く　指定都市に移譲 ・市街地開発事業 (例)国・都道府県が設置する50ha超の土地区画整理事業
市町村	・用途地域 三大都市圏・県庁所在市・25万人以上の市等以外の用途地域 ・都市施設 (例)4ha未満の公園 ・市街地開発事業 (例)20ha以下の土地区画整理事業	・用途地域 三大都市圏以外の用途地域 ・都市施設 (例)10ha未満の公園 ・市街地開発事業 (例)50ha以下の土地区画整理事業	・全ての用途地域 ・都市施設 (例)国・都道府県が設置する10ha以上のものを除く全ての公園 ・市街地開発事業 (例)国・都道府県施行の50ha超のものを除く全ての土地区画整理事業

(出所)内閣府ホームページ(http://www.cao.go.jp/bunken-suishin/doc/st_08_toshikeikaku.pdf)より作成

仕組みが加速化されていくであろう。

　上下水道事業など個別自治体で運営しているインフラでは、広域連携による集約化でコスト縮減することが必要となり、また、公共用地など自治体のもつ資産活用については、民営化や民間への権限移譲でコスト縮減と収益性を確保するなど、都市経営のバリエーションも増やしていく必要があると考える。

以下、公共事業制度の変遷を追いながら、今後展開されるであろうまちづくり事業とその主体のあり方について考察する。

Ⅰ. 公共事業と公営事業

まず、公共事業に経営の視点が導入された制度がどのように変遷してきたかその背景と制度の歴史を見てみよう。

わが国において、民間経営のノウハウを公共事業に導入するという考えは、近代国家の建設過程においてもすでに実行されていた。

例えば、大阪市においては市電事業が1903年（明治36年）に日本で最初の公営による鉄道事業として始められており、近代日本の進行過程において、限定的ではあったがインフラ系の公共事業に経営の概念を入れるという考え方は以前から存在していた。

一般に公共事業は、国や地方自治体が実施する公共の福祉のために実施するもので、公共施設は公物管理の法律において各々管理権限が公的主体に限定されている。

一方、公共事業の中で、地方自治体において企業経営の理念を制度的に組み入れたものが地方公営事業である。

地方公営事業は明治時代に誕生し、ガス事業や水道事業、路面電車事業など都市インフラ事業において始められ、戦後、1952年（昭和27年）に地方公営企業法が制定され今日に至っている。

地方公営企業法第3条には、「地方公営企業は、常に企業の経済性を発揮するとともに、その本来の目的である公共の福祉を増進するように運営されなければならない」と定められている。

地方公営企業法が適用される事業としては、水道事業、軌道事業、自動車運転事業、鉄道事業、電気事業、ガス事業があり、一部規定が適用される事業としては、病院事業、下水道事業、宅地造成事業などが挙げられる。そして、その会計は現金主義である官公庁会計方式とは異なり、損益計算書、貸借対照表などの作成が義務づけられる企業会計方式をとっている。

このように、公共事業の運営の方法として企業経営の手法を取り入れる公営企業の手法は各地の自治体で事業展開され今日に至っている。
　図1-1は、2016年度（平成28年度）における地方公営企業の分野別現況を示したものであるが、水道、下水道という水に関する都市インフラ事業が70％近くを占めており、残りは病院や介護関係、観光施設などの施設系となっている。
　また、公営企業の決算額では規模の大きい分野では下水道、病院、水道、交通となっており、上下水道と病院は遍く自治体の事業として展開している一方、個別の事業体ごとの経営規模では、下水道や水道に比して相対的に病院と交通分野が大きくなっている。特にまちづくりに関係する交通分野は、自治体でも限定的であるが、鉄道部門などを所有する場合には経営規模は大きくなっている。
　一方、人口減少とそれに伴う地方自治体の人材不足や収入の減少などにより、自治体単体で営む事業から民間の参入や民営化により事業の効

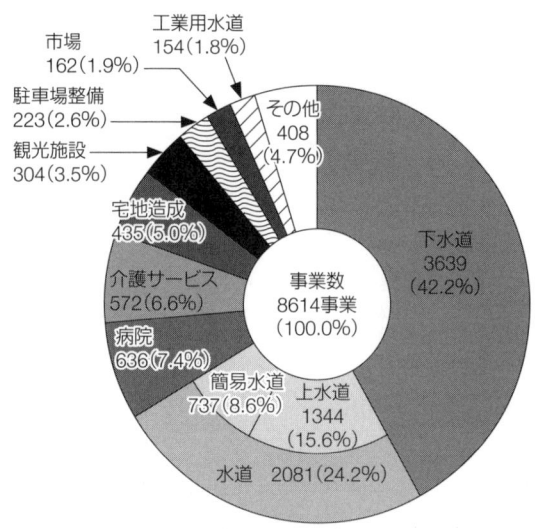

図1-1　地方公営企業の事業数の状況（平成28年度）
（出所）総務省『平成29年度版地方財政白書』（http://www.soumu.go.jp/menu_seisaku/hakusyo/chihou/29data/2017data/29czb01-07.html#p0107）より

率化を高めたり、関連する収益事業の種類や事業規模を拡大したりすることや、複数自治体が広域の企業体などを設立しより効率的な経営体質に変えるなど、事業の経営主体のバリエーションは新たなステージへ入ろうとしている。

こうした公営企業の事業収支の状況を見ると、2015年度（平成27年度）では90％の企業が黒字となっているが、法適用企業においては25％もの企業において赤字経営となっており、赤字分野の内訳を見ると、水道事業と下水道事業においてその割合が高いことがわかる。

こうした公営企業の経営体質の改善を、今後の人口減少時代の進行に合わせていかに図っていくかが今模索されており、その方向を経営状況のデータをもとに整理したものが図1-2である。これは、各公営企業の分野ごとに、経営状況の各指標（事業社数、決算規模、赤字企業数）ごとに、全体に占める百分率を計算し、単純にその数字を重ね合わせて表示したものである。指標ごとに比較すると各事業における経営形態課題のポイントが見えてくる。

例えば、水道事業では規模指標は大きいがその経営状況において赤字企業は少ない。これは、水道の使用料金の徴収額の調整などにより経営状況を保持していると考えられるが、今後の水需要の減少や老朽施設の更新などでの管理運営コストの増大を考えると、料金転嫁にも限界があると考えられ、より効率的な経営体への移行が求められる。そのためには、個別自治体単位で運営している事業を複数自治体が共同で運営する

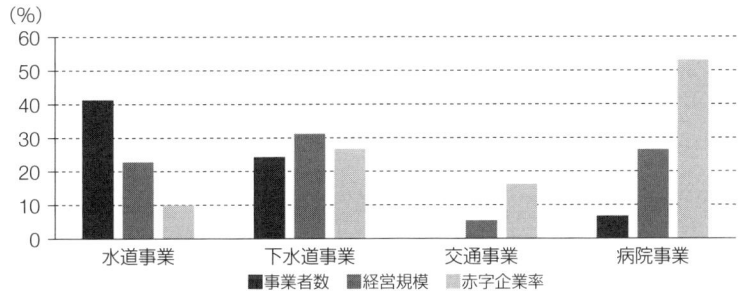

図1-2　事業分野別経営状況の特質

いわゆる広域化により効率性を高めることが考えられる。例えば、大阪府では、大阪市以外の府下自治体が水道企業団を組織し、給水事業を一元化しているが、さらに配水事業についての共同経営や全市を含む共同事業体への移行の議論が進んでいる。一方で、水道事業をコンセッション方式により民営化する方法が、国においても法律改正により制度構築が行われた。今後は、近い将来のコスト増大を見据えて運営形態の方向性を慎重に検討した上で最適解を見つけなければならない。そして、災害対策や将来の価格問題を見据えながら経営体制を決めていく必要があろう。

次に、下水道事業や交通事業、病院事業であるが、赤字企業率が水道事業に比して高く、その解消には経営体制を変革することが必要となろう。現段階では、下水道事業や交通事業では民営化や民間への経営移行が始まっている。民営化の方法においても、下水道事業では他の自治体の事業を受託したり、民営化された企業同士を合併させたりしていく方法により広域化を図っていく方法が考えられる。また、交通事業においては、国鉄が民営化によりJRが誕生したように徐々に完全民営化に至る道筋や民間鉄道事業者に資産を売却するM&A方式が考えられよう。民間の鉄道事業者は鉄道の運輸業から、不動産開発や商業施設、ホテル業など、沿線を超えてまちづくり産業を展開する様相を呈しているが、公営交通事業も民営化により自治体のまちづくりに関連した企業へとどのように移行していくかその工程を描く必要があろう。

Ⅱ. 第3セクター方式

1980年代後半より公的事業の非効率さへの批判が巻き起こり、行政改革の必要性が大きくクローズアップされた。

その流れのなかで、国鉄の民営化が起こり、また公共事業に民間企業の資金や経営の知恵を導入するべきとする考えのもと、民間活力の活用が実行に移されるようになる。

いわゆる中曽根民活と呼ばれた民間活力導入手法として、公共用地を

民間企業に経営を委ねる公益土地信託事業や半官半民の第3セクターを主体とする事業が全国各地で展開された。

　第3セクターとは、国や地方自治体と民間企業の共同出資（地方自治体の単独出資の地方3公社もある）により設立される事業体であり、株式会社や社団・財団法人などの形態をとる。1980年代に全国で数多く設立され、当時は公の信頼性と財源、民の経営力を合わせた理想的な組み合わせといわれた。

　自治体によっては、公的事業の枠をはるかに超えて、観光・娯楽分野など収益性を中心に据えた事業展開をこの方式で行うケースが数多く排出し、そのこともてはやされた時期があったが、1989年（平成元年）のバブル経済の崩壊とともに負債だけが残り、自治体はその処理に苦慮することとなる。その負債処理が全国的にも課題となり現在もその後始末の影響は続いている。

　総務省によると、2017年（平成29年）3月時点で、第3セクター法人は全国で7000以上あり、分野別で多いのは地域・都市開発分野、農林水産、観光レジャー、教育・文化で、各々全体の15%前後を占めている。

　一方その設立の推移を見ると、2つの大きな波があることがわかる（図1-3）。昭和40年代後半とバブル期から崩壊後の平成初年期である。

　前者は地方3公社が精力的に全国で設立されたことによりよるものであり、後者はバブル期に計画された事業が時期をずらせて設立されていった結果であると考えられる。

　そして、低成長時代が長期に継続する中で新規設立は減少し、ここ10年では激減している。

　第3セクターの経営に関しては、バブル崩壊に伴い事業収益が極端に落ち込んだことや負債を早期に回収しようとする金融機関の思惑から短期資金の借り入れが困難となるなどの動きにより、経営が成り立ちにくくなって、廃止に追い込まれる件数がバブル崩壊後10年を経て顕在化したと考えられる。

　第3セクター方式は、結果として公と民の責任分担範囲が曖昧になるなどの問題が出て、より厳密な契約関係に基づくPFI手法が登場する

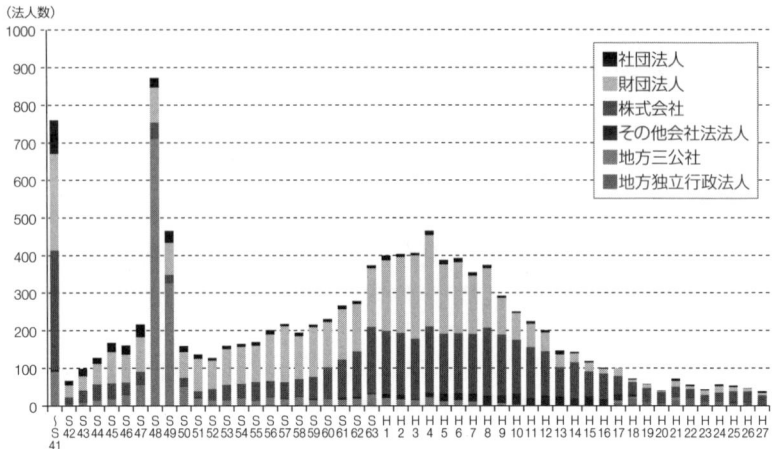

図1-3　第3セクターの設立数の推移
(出所)総務省「第三セクター等の状況に関する調査結果」(平成28年1月15日)(http://www.soumu.go.jp/menu_news/s-news/01zaisei06_02000122.html)より

ことになったと考えられる。

　負の側面が語られることの多い第3セクター方式であるが、まちづくり会社や地域産業振興のための会社方式の第3セクターで成果を出している事例に近年注目が集まっている。

　森林を生かした地域活性を展開する岡山県西粟倉村「株式会社100年森の学校」、料亭につまを提供する徳島県上勝町「株式会社いろどり」や歴史的建造物のホテル転用などその活用を行っている兵庫県篠山市「一般財団法人ノオト」など衰退する地域を再生・創生する目的から作られた法人を自治体が下支えして、まちおこしビジネスを展開するという事例が成功を収めている。

　これらは、第3セクターという形で行政が事業に関与することで、信頼感や地域貢献のメッセージを出すことができる点を生かして事業の展開を図っていると考えられ、バブル時代に余剰資金の投資の受け皿としての役割があったものとはその性格は大きく変貌してきている。

　こうした第3セクターを含むまちづくり会社の設立状況を見ると、2011年（平成23年）では76％が任意団体で、財団、社団や株式会社と

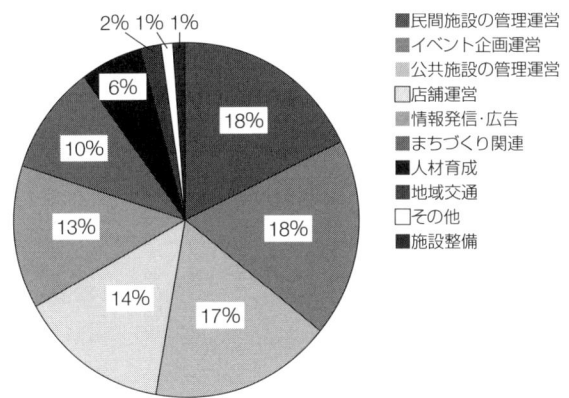

図1-4　まちづくり会社の業務分類
(出所)国土交通省「まちづくりにおける官民連携実態調査」(平成23年3月)
(http://www.mlit.go.jp/toshi/crd_machi_tk_000039.html)より作成

しての法人形態をもつものは24％程度にとどまっていることがわかる。また、その設立数の推移を見ると平成元年から20年間で10倍になっており、市民や民間事業者の参画と関心が拡大してきている様子もうかがえる。

　一方、法人における事業内容を見ると、民間施設や公共施設の管理運営、イベント企画運営はそれぞれ20％近くを占めているのに対して、まちづくり関連事業や地域交通といったまちづくりに関わるものは合計でも10％程度に留まっている（図1-4）。今後各地域において地域創生や地域課題に取り組む先駆的なまちづくり会社がより多く誕生することを期待したい。

Ⅲ．土地信託方式

　土地信託方式も1980年代にもてはやされた民間活力活用の事業方式の1つで、特に自治体の未利用地での開発事業を民間企業に委ねる賃貸型土地信託方式が各所で行われた。

　これは、土地運用のノウハウをもたない自治体が、所有する未利用地などを銀行と信託契約を締結して一定期間土地を預け、受託銀行はその

土地にふさわしい収益事業を行い利益の一部を信託報酬として受け取るという仕組みである。信託期間が終了した時点で建設された施設などは土地所有者に譲渡される。

ただし、事業費が増額になれば追加費用が発生し、その結果信託終了時に赤字が残っている場合には、負債の全額負担を求められる契約となっていた。

実際には、30年に及ぶ契約期間においてバブルの崩壊が起こり当初予定の収益が上がらず溜まった累積赤字のツケが自治体に請求され、その負担をめぐって大きな問題となり、裁判の結果自治体の敗訴となるケースが相次いだ。

この方式もまちづくりや地域おこしのビジョンを実行するに改革的な手法ではあったが、民間側の取り組み姿勢の曖昧さや行政側の危機管理意識の欠如など、連携の歯車が狂ったことにより、バブル崩壊とともに大きな問題となり、負の側面だけが大きくクローズアップされてしまい今日的には負債処理問題として残っている。

Ⅳ. 指定管理者制度

2003年地方自治法が改正され、公共施設の管理に民間事業者が参入する指定管理者制度が構築された。この制度は、それまで、公共施設の管理は地方自治体が出資する第3セクターなど公的団体に限られていたが、議会の議決を経て民間事業者が管理の代行を行うことを行うことを可能にした。行政の管理のもとに民間の運営ノウハウを生かす形で施設などの管理運営が民間に委ねられた。

現在この制度は定着し、各自治体で公共施設などの維持管理運営が行われている。

しかし、一般的にこの制度においては、業務の範囲や仕様など行政体との詳細な協定により決定されることから、民間事業者の独自ノウハウを生かした事業展開を行うには困難な点が見受けられる。

V. PFI制度

　1999年（平成11年）に「民間資金等の活用による公共施設等の整備等の促進に関する法律」いわゆるPFI法が制定されて、現時点で666の事業が実施されるなか、インフラ系は全体の20％強に過ぎず、後は公共・公益施設いわゆるハコモノ事業になっている（図1-5）。

　この理由としては、ハコモノ事業は点であるため、関連する収益事業の展開が可能であり、このことが民間事業者には馴染みやすいことが挙げられよう。

　例えば、文化ホールや観光施設におけるレストランやカフェ、コンビニエンスストアなど、公共施設との親和性が高い施設を併設するケースが相乗効果を高めている。

　一方で、インフラ施設はあらゆる地域に存在することから、管理運営においてPFI方式の導入が大きく進めば、新たなインフラインノベーションが創起できるため、新たな仕組みの導入が求められる。

　現在、都市公園においては独自のパークPFIの展開が進められ、また上下水道における上下分離方式によるコンセッションや民営化の動きが出てきており、新たな動きの先導役を担っている。

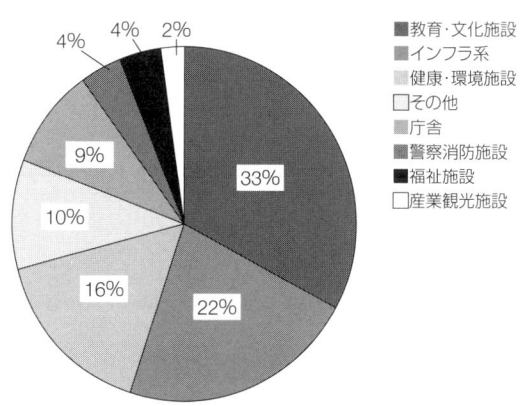

図1-5　PFI事業分野の現状
（出所）内閣府「PFIの現状について」（平成30年7月）（http://www8.cao.go.jp/pfi/pfi_jouhou/pfi_genjou/pdf/pfi_genjyou.pdf）より作成

パークPFIについては、PFIとは性格を異にするが、その空間機能の運営方法を刷新したり、従来の役割を超えて周辺のまちづくりに必要な機能を付加したりすることで、多様な公共空間運営を行うことをねらいとしている。

　一方、上下水道分野では施設の老朽化に伴う更新を単に更新することだけにとどめるのではなく、それを機に事業対象地域を周辺都市に拡大広域化することや事業主体を共同化することが考えられる。

　これは、人口減少時代において人材不足や施設更新による事業コストの増大に対して施設の集約化や経営の効率化が不可欠となるため、管理運営体制の再編成と更に体制のシンプル化の道筋が必要となろう。

　こうしたインフラ分野へのPFI制度の適用拡大は、まちづくりの運営が行政主体から上下分離による役割分離へと移行していくと考えられ、新たな第3セクターの役割と合わせて運営主体の変革が進行するであろう。

　その時に重要なのは、かつての第3セクターや土地信託方式の失敗に学び、地方自治体がまちづくりの具体的ビジョンを明確化し、経営体制の役割分担の意味を理解し、現実の運営を常に評価分析することが重要である。

　これは、PDCAサイクルをチェックすることであるが、単なる成果指標のチェックに終わるのではなく事業の細部にも目を向けるトレーニングが求められる。

Ⅵ. 包括的民間委託事業

　従来から公共事業の一部の業務を私法上の請負契約において民間事業者に委託するという業務が行われてきたが、清掃や保守管理など限定的な範囲で行われていた。

　事業の一部ではなく管理運営全般にわたる包括的な民間委託に関しての関連法制度が不十分で進まない中、2001（平成13年）に下水道事業において包括的民間委託方式のガイドラインが自治体に示された。その後、

性能発注であること、複数年契約であることを条件に事業の推進が図られている。

Ⅶ. コンセッション方式

　コンセッション方式とは、公共施設の所有は公的機関が保有したまま、その運営に関しての権利を民間事業者に売却するもので、上下分離により所有と運営を分けた考え方である。

　コンセッション方式は、運営権の所有において抵当権の設定も可能で設備投資などに関して金融機関からの融資や投資なども受けられる仕組みとなっている。

　関空と伊丹空港のコンセッションの事例では45年契約のなかで、運営権の対価として年間約370億円を支払い、空港輸送関連の設備投資や物販店舗の改装などの投資を行う一方、各エアラインからの着陸料や店舗の売り上げ収益を得るという事業スキームとなっている。

　以上見てきたように、まちづくり事業分野における公民連携の潮流は、公共施設分野により異なる法的規定や事業運営の特性を踏まえながら進化を遂げており、今後人口減少下における都市経営課題を取り込みつつ、施設管理の視点から利用者本位の視点へとより改革されていくものと考える（表1-2）。

　そして、今後は事業分野内にとどまらず、複合的にまちづくりを進める方向に進化していくものと考えられる。

　中央集権的構造や公共施設管理の法律体系に基づき公共事業分野が縦割り的に定められ、その結果、まちの管理運営が事業分野ごとになされていることが、地方自治や都市経営にとって大きな問題となっていた。

　まちづくりとは本来街がもつ機能を複合的に効率的に進める智慧が必要であり、その智慧をまちづくりイノベーションと名づけたが、事業分野を超えて統合することで本来のまちづくりがスタートする時代をようやく迎えたといえよう。

表1-2　まちづくりに関する PPP 手法の分類

類型		特徴	代表事例
コンセッション事業		公共施設の運営権・抵当権の設定（H23法改正で運営権創設 H25空港運営法）	関西空港等空港ターミナル事業、上下水道事業
収益型事業		既存公共施設への関連事業の付加	図書館と書籍販売
公的不動産利活用事業		行政財産、公的不動産の民間の活用	土地信託事業
その他	サービス購入型PFI	事業コストを100%行政の分割支払いで回収（H11 PFI法）	庁舎
	包括的民間委託	個別施設単位ではなくシステム全体の委託（H13ガイドライン制定）	下水道事業での一括民間委託
指定管理者制度		料金徴収などの管理権限が与えられる（H15地方自治法改正）	公共施設が住民福祉の施設に限定される（病院、体育館、図書館等）

（出所）内閣府資料等を参考に著者作成

第2章

新たな公民連携としてのパークマネジメント

Ⅰ. 都市公園を取り巻く環境の変化

　わが国の近代公園は、1873年（明治6年）の「太政官布告第16号」において旧社寺地や大名庭園等を接収し公園としたのが営造物公園制度の始まりとされる。その後、公園に関わる法整備は、昭和になるまで整備されてはこなかった。営造物公園は、戦後の急速な都市化とととともに1951年（昭和26年）に建設省から各都道府県知事に公園施設基準が通達され、その後、1956年（同31年）の都市公園法により、公園の整備基準等が体系化されている。

　1972年（昭和47年）以降の40年で都市公園面積は5倍に増え、2018年（平成30年）3月の時点では約12万5423ヘクタール（ha）、10万8128か所を超えている。しかしその整備や維持管理の予算は面積や数に比例した伸び率とはなっていないことも現実である。

　公園は、高度成長期の都市化による人口流入や緑の減少、公害問題などへの対応、新たなコミュニティ活動を推進するための公共空間（オープンスペース）として存在意義があった。しかし、公園面積を拡大することが優先され、変化する地域課題への対応は疎かになっていた。

　加えて公園の管理は行政サービスの1つとして確立し、その活用への地域住民や民間業者の主体的な参画機会は離れていった。そのため公園を利用する人に対する周辺地域の人々の不満や、利用者間のトラブルや事故の責任、さまざまな意見は直接、行政へのクレームや要求となっている。かつての子どもが遊ぶ公園に対して、今では子どもが騒ぐ声が騒

音として、公園管理者に対しクレームが入る時代となっている。

　行政が対処する方法としては、「ボール遊び禁止」「火を使うこと禁止」「遊具の使用方法」「ペット連れのモラル」などさまざまな禁止や指導の看板を設置することで対処している。地域の課題を解決するための公園が、いつの間にか公園が地域の課題となりだしたといえる。

　今日求められるのは、高度成長期とは異なる課題、例えば少子高齢化、人口減、医療や福祉など社会保障費の増大、土地価格等の資産低下、賑わいの創出、防犯や防災機能などを踏まえた成熟社会としての課題解決である。行政予算縮小の対策なども迫られている。1人当たりの公園面積の拡大はもはや重要ではなくなり、限られた財源のなかで公園の質的充実が議論されるようになってきた。

　公園に関わる地域のステイクホルダーの考え方も変化してきている。公園は、直接の利用者だけが恩恵を受けるだけではなく、環境や公衆衛生、防災など間接的に恩恵を受ける対象者も多く存在する。また、公園の規模により徒歩圏内の住民などの日常に対する機能のほか、目的性をもって訪れる大規模公園などの機能を受ける恩恵者には違いがある。

　住民だけが利用する住宅地域にある公園や、夜間人口が極端に少なく商店やオフィスなどが中心の公園で利用者が来街者や商工事業者と就労者となっている公園も存在する。地方自治体としては、夜間人口といわれる住民の声に対する優先順位を高くすることが多いが、今後は、公園の特徴などにより多様なステイクホルダーに対して調整や合意形成、また公園での主体的地域活動や公園経営への参画を促すことも必要となってきた。

Ⅱ. 公園の機能や効果

　公園緑地や樹木などの緑のグリーンインフラは、無秩序な市街化を防止する機能の他、環境衛生や防災、ヒートアイランド現象抑止など都市の安全性や環境問題、自然志向の高まりに応えるものであり、また高齢化地域の新たな活動拠点、地域の景観維持機能による心理的・経済的効

果、住民の健康維持増進や子どもの健全な育成、運動や教養、文化活動、余暇活動、地域コミュニティ活動などの場、生物多様性の場、そして不動産価値の安定化など、身近な緑やオープンスペースはさまざまな機能や効果をもつ。

　国土交通省では2016年（平成28年）5月に「都市公園のストック効果向上に向けた手引き」を明示し、都市公園のストック効果を9つに分類、整理している（図2-1）。

　財政の悪化などにより、公園に関わる予算は年々低くなる傾向にある。そのようななかで、現在のパークマネジメントの多くは、これまでの行政主導の公園整備や維持管理、運営に対して、競争原理に基づく民間事業者の参画により、現状の公園維持管理コストを削減し、収益を拡大することと、公園の魅力的な活用を行うための民間アイデアに期待し始めた。

　本来のパークマネジメントとは、都市経営の1つの手段であり、都市

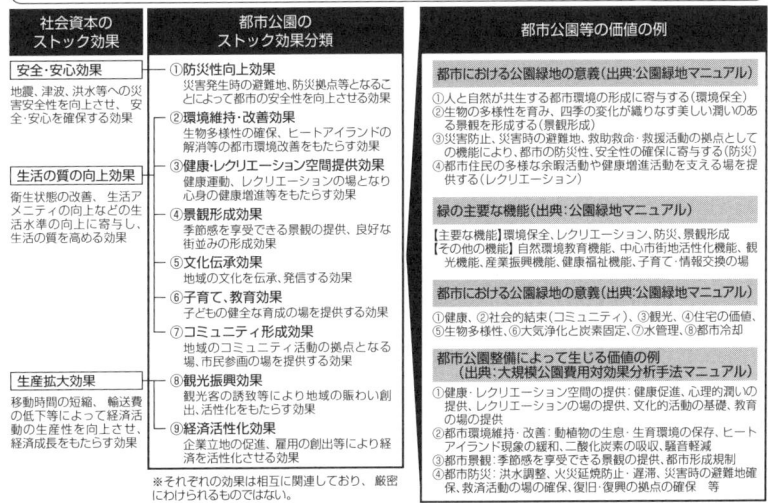

図2-1　都市公園のストック効果
（出所）　国土交通省「都市公園のストック効果向上に向けた手引き」（http://www.mlit.go.jp/common/001135262.pdf）より新産業文化創出研究所（ICIC）にて再編集

の公園や緑などの社会基盤、つまり、公的ストックの効果を向上させることを、効率的な技術や運営などにより最小のコストで、最大の効果を発揮させることにある。つまり公園ストック効果の向上を図るマネジメントは、都市の経営と同様の機能と能力が求められるものである。

　都市公園の多様なストック効果をより高く発揮させるためには、地域の実情に応じた取組を推進することが必要である。また、その地域の実情は、社会や地域を取り巻くさまざまな要因や時代と共に変化していくものでもある。さらに公園ストック効果の向上に対するマネジメントにも予算が必要となるが、それは、財政難が続く地方自治体にとっては大きな課題でもある。

　パークマネジメントは、公園のみの経営とみられがちだが、公園が地域の課題解決や公共空間として環境対策や防災機能などに対する役割を有する以上、まちづくりの手法と考えることができる。民間事業者に対しても、公園の持続的な経営を可能とする人材や技術、ビジネスモデル、ノウハウなどを高める施策や、異分野の連携などの支援策が必要である。

　今後は、多様な主体がパークマネジメントに参画し、経験を積み、議論が積み重ねられ、また、パークマネジメントに対する理論や学問も体系化することにより、公園ストック効果向上マネジメントを可能とする民間事業者や市民が育ってくるであろう。

Ⅲ. パークマネジメントの動き

　公園の整備、維持管理は行政の業務であるが、これまでは行政から一部、また全部の業務を民間事業者等に委託してきた。そこに大きな変革があったのは、バブル崩壊後の不況に悩む2006年（平成18年）5月に成立した、「競争の導入による公共サービスの改革に関する法律」に基づき実施された「市場化テスト」が挙げられる。

　この流れのなかで、公園の維持管理においても行政サービスの質の維持向上・経費節減等の目的から競争原理を導入し、現在の公園における指定管理者制度の普及に結び付いた。

従来の管理委託制度と指定管理者制度の違いは、管理委託制度が私法上の「契約」によって外部の民間業者に委託するいわゆる「業務委託」であるのに対して、指定管理者制度では指定管理者が施設の管理を代行する。指定管理者は利用者からの料金を自らの収入として収受したり、料金の設定、個々の使用許可などを行うことなどが可能とされている。業務の一部を、第三者に委託することも可能である。近年では、公園内の複数の施設や業務をまとめて1社（1グループ）の指定管理者に指定することも増えてきている。このことは、民間事業者間で業務全体の最適化やコスト部門とプロフィット部門の組み合せとしてのポートフォリオによる効率化が図られるため、行政側の負担軽減につながっている。

　そのほか、海外の成功するパークマネジメントからも日本のパークマネジメントは影響を受けることとなった。例えば、米国のニューヨーク市のブライアントパークでは、民間のアイデアで寄付だけでなく、公園内の収益施設（売店運営や飲食店への床貸し含む）、広告、多様な事業やアクティビティプログラム実施による収益などにより自立的、かつ持続的経営が行われている（図2-2）。また1980年代の後半からニューヨークの市内で進められていたBID（ビシネス改善地区）を、いち早く成功

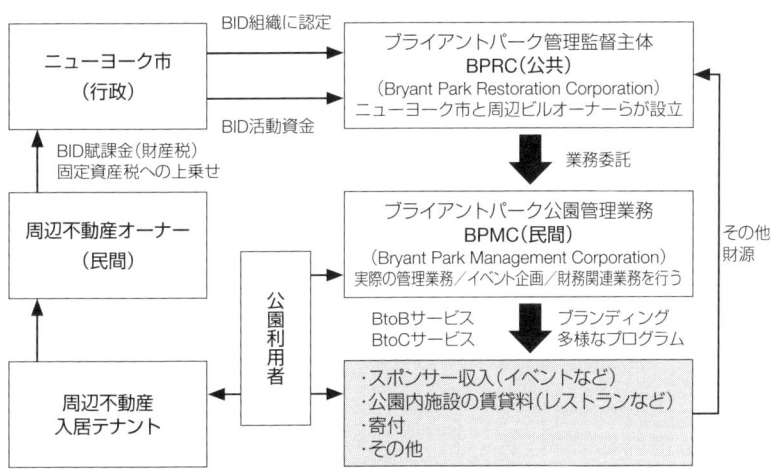

図2-2　ブライアントパークの運営スキーム

させたことことでも有名である。日本でも、こうした成功例を参考にパークマネジメントが進化しつつある。

国内においても、地方公共団体の積極的なパークマネジメントへの取組みが行われるようになってきた。その中でも東京都の動きや大阪市の天王寺公園と大阪城公園の動きが、注目されることとなった。大阪市の各公園に関しては後述があるため、ここでの紹介は省略し東京都の動きを紹介する。

東京都は2004年（平成16年）に「パークマネジメントマスタープラン」を策定し、2015年（平成27年）3月にはその後の社会状況の変化（地球環境への意識の高まり、東日本大震災の発生、オリンピック・パラリンピックの開催決定など）や東京都長期ビジョンの策定を踏まえ、改定版を策定した。

また、公園の整備の用地確保手法として東京都は2006年（平成18年）に「民設公園制度」を導入した。従来の公共による整備に加え、民間の活力を導入することにより、都市計画公園及び緑地を早期に公園的空間として整備し、公開することを目的としたものである。民設公園第1号は「萩山四季の森公園」（東村山市における東京建物と西武鉄道のマンション開発に伴う）である。東京都は規制緩和により、敷地の一部に集合住宅等の建築を可能とし、土地所有者の保有コスト軽減のための支援を行う。民間事業者は一定規模の敷地を一般に無償公開し、避難場所としても有効な整備と管理を実施する。また最低でも35年以上の公開管理を継続する必要があり、管理費の一括拠出も行う必要がある。

もう1つの取組みは、東京都と区市町が、2011年（平成23年）に「都市計画公園・緑地の整備方針」を改定し「公園まちづくり制度」を定めた。これはセンター・コア・エリア内（おおむね首都高速中央環状線の内側の東京圏の中核となるエリア）の未供用区域を対象に、民間の力を活用し、公園・緑地の整備を促進するため、まちづくりと公園・緑地の整備を両立させる新たな仕組みである。その第1号となるのが2019年（平成31年）春開業を予定するホテルオークラ東京・本館の建て替え事業となる。

そのほか、東京都では、都内の美術館や庭園などの特別感を演出できる施設を、MICE の会議やレセプション等の会場として利用する取組を 2016 年（平成 28 年）より推進し、これをユニークベニューと称し、国内外の企業や MICE 関係者に対して積極的に PR 活動を行っている。

Ⅳ. 都市緑地法（都市公園法）等の一部を改正する法律案施行

　パークマネジメントに対し大きく舵を切った法改正としては、都市緑地法等の一部を改正する法律案が 2017 年（平成 29 年）7 月に施行されたことであろう。都市緑地法等の一部改正は、「都市公園法の改正」「都市緑地法の改正」「生産緑地法の改正」「都市計画法の改正」「建築基準法の改正」など複数の法律の一括改正となっている。このことは 1 つの改正により、他の法律の矛盾が生じることに対しての一体的な改正案となっているためである。パークマネジメントやパーク PFI の推進には、そのなかの「都市公園法」の改正が大きく影響を及ぼすことになる。

　都市公園法改正の大きな特徴は表 2-1 のとおりである。

　都市公園法改正によって新設されたパーク PFI は、飲食店、売店等

表2-1　都市公園法の一部改正ポイント

- ●保育所など社会福祉施設（通所利用）の占用が可能（特区の全国措置化）
  - ・これまでは休憩所、休養施設、遊戯施設、運動施設、教養施設、売店、トイレ、管理施設や、災害用倉庫などのみ
- ●民間事業者による公共還元型の飲食店や売店などの収益施設の設置管理制度の創設（Park-PFIの創設）
  - ・公園内にカフェやレストランなどの収益施設も設置可能
  - ・条件として、園路、広場等の公園施設の整備を一体的に行うこと
  - ・設置管理許可期間の延伸（10年→20年に）
  - ・建蔽率も条例で緩和可能（2％を緩和→＋10％など）
- ●大規模公園施設のPFI事業による設置管理許可期間の延伸
  - ・10年から30年に
  - ・主にプールや水族館、運動施設等の大規模公園施設
- ●公園運営に関する協議会の設置、地域にあったローカルルールの制定と運用
  - ・公園管理者と民間施設の設置運営者、近隣事業者等が公園の活性化方策について協議
  - ・協議会が地域の利害者の調整、公園管理者の評価、協力
- ●都市公園の維持修繕に関する技術的基準の策定
  - ・遊具の安全確保、公園施設の安全点検に関する指針など

の公園利用者の利便性の向上に資する公園施設の設置と、当該施設から生ずる収益を活用してその周辺の園路、広場等の整備、改修等を一体的に行う者を、公募により選定する「公募設置管理制度」のことであり、PFI法によるPFIとは異なる。PFI法のPFI事業は議会の承認や特別目的会社設立が必要であるが、パークPFIは必要としない。逆にPFI事業は、収益施設以外の施設整備は必要ないが、パークPFIは特定公園施設整備が必要である。

　パークPFIと都市公園の整備、管理運営に活用できるこれまでのPPP/PFI手法との違いは、表2-2のとおりである。これらは必ずしも単独の制度のみでなく、事業の内容等に応じていくつかの手法を組み合わせて行われることなる。

　パークPFIにおいては、民間事業者が行う特定公園施設整備費のうち地方自治体が負担する金額の2分の1を国が支援する「官民連携型賑わい拠点創出事業」や、民間による公園整備（社会資本整備総合交付金や他の借入れ部分等を除く）を支援する「都市開発資金（賑わい増進事業資金）」という貸付金制度なども利用できる。この貸付に当たっては、地方自治体の貸付額の2分の1を国が有利子で貸付けるものである。

　パークPFIなどによる対応が困難な小規模公園などに関しては、地域で公園協議会を設立しローカルルールを定めて、地域ニーズに合ったパークマネジメントの実現を目指している。

　都市緑地法、生産緑地法、都市計画法、建築基準法の改正ポイントとしては表2-3のとおりである。

V. 地域の実情や公園のポテンシャルの違いによるパークマネジメントの課題

　都市公園法の改定により、全国各地で公民連携のパークマネジメントの取り組みへの動きは高まってきている。ただし、公園や公園を取り巻く周辺環境など、地域の特徴や実情によって、その手法や民間事業者の関わり方が変わってくる。特に、公園への収益性に対する期待や大幅な

表2-2　都市公園におけるPPP/PFI手法の比較

制度名手法	根拠法	目安事業期間	特徴
管理委託制度	民法	1～5年程度	・委託先としては自治体の出資団体等に限定（財団法人や第3セクター等） ・選定方法は条例で定める特定の団体への委託が可能 ・業務の範囲や権限は委託契約の範囲に限定され施設の使用許可権限なし
指定管理者制度	地方自治法第244条	3～5年程度	・民間事業者等の人的資源やノウハウを活用した施設の管理運営の効率化（サービスの向上、コストの縮減）が主な目的 ・一般的には施設整備を伴わず、都市公園全体の運営維持管理を実施。施設の使用許可権限あり ・原則として公募し、議会での議決が必要
仮設公園施設	都市公園法第6条	3カ月を限度	・公園施設として臨時に設けられる建築物（仮設公園施設） ・公共オープンスペースとしての機能に対する影響が一時的であることから100分の2を参酌して条例で定める範囲を限度として建蔽率を上乗せすることができる
建築物管理許可制度	都市公園法	―	・公園管理者以外の者に対し、都市公園内の自治体等が所有する公園施設（建築物等）の管理を許可できる制度 ・整備対象の一部の施設管理も想定
設置管理許可制度	都市公園法第5条	10年更新可	・公園管理者以外の者に対し、都市公園内における公園施設の設置、管理を許可できる制度 ・民間事業者が売店やレストラン等を設置し、管理できる根拠となる規定
パーク-PFI（公募設置管理制度）	都市公園法第5条の2～5条の9	20年以内	・飲食店、売店等の公募対象公園施設の設置又は管理と、その周辺の園路、広場等の特定公園施設の整備、改修等を一体的に行う者を、公募により選定する制度。 ・便益施設の建蔽率は2%を10%の建蔽率上乗せで12% ・占用物件の特例として自転車駐車場、看板、広告塔を「利便増進施設」（占用物件）として設置可能 ・議会の承認は必須ではない
占用	都市公園法第7条 施行令第12条		・公園施設以外の施設は、都市公園になるべく設けるべきではないため、設置できる施設を法令により限定的に規定 ・（例）電柱、電線、水道管、下水道管、軌道、公共駐車場、郵便ポスト、公衆電話、災害用収容仮設施設、標識、派出所等
PFI事業 Private Finance Initiative	PFI法	10～30年程度	・民間の資金、経営能力等を活用した効率的かつ効果的な社会資本の整備、低廉かつ良好なサービスの提供が主な目的 ・都市公園ではプールや水族館等大規模な施設での活用が進んでいる ・議会の承認や特別目的会社設立が必要
公共施設等運営制度 コンセッション方式	PFI法	長期間	・民間事業者がPFI事業の契約に基づいて、公共施設などの運営権を取得し、公共施設の運営などの事業を長期的・包括的に行う手法 ・入場料や使用料などの公園からの収益が見込まれるものに限定される
その他 DB、DBO等	地方自治法等	―	・民間事業者に設計・建設等を一括発注する手法（DB）や、民間事業者に設計・建築・維持管理・運営等を長期契約等により一括発注・性能発注する手法（DBO）等がある

（出所）国土交通省「都市公園の質の向上に向けたPark-PFI活用ガイドライン」を基にICICにて加筆加工

表2-3　都市緑地法、生産緑地法、都市計画法、建築基準法の一部改正ポイント

〈緑地・広場の創出
　（都市緑地法の改正）〉
- ●民間による市民緑地の整備
　　（市民緑地制度）を促す制度の創設
　・市民緑地の設置管理計画を「市区町村長」が認定
　・対象：都市計画区域内の300㎡以上の土地又は人口地盤、
　　　　建築物その他の工作物、緑化率20%
　　　　特別緑地保全地区及び緑地保全地域内の土地等
　・契約期間は5年以上
　・固定資産税等の軽減
　　（3年間原則1/3軽減（1/2～1/6で条例で規定））
　　※平成31年3月31日までの時限措置
　・相続税の軽減
　　契約期間が20年以上等の要件該当で相続税が2割評価減
　　土地を地方公共団体に無償で貸し付けた場合には、
　　土地の固定資産税及び都市計画税が非課税となります。
　・施設整備等に対する1/3補助（社会資本整備総合交付金）
- ●緑の担い手として、
　　民間主体を指定する制度の拡充
　・緑地管理機構の指定権者を
　　「知事」→「市区町村長」に変更
　・指定対象に「まちづくり会社等」を追加
　　設置管理主体　民間主体（NPO法人、住民団体、企業等）

〈都市農地の保全・活用
　（生産緑地法、都市計画法、
　　建築基準法の改正）〉
- ●生産緑地地区の一律500㎡の面積要件を、地区町村が条例によって引き下げ可能
　・300㎡を下限
- ●生産緑地地区内で直売所、農家レストラン等の設置が可能に
- ●新たな用途地域の類型として、「田園住居地域」を創設
　・地域特性に応じた建築規制、農地の開発規制

KPI：目標値が決められており、他市県では競って新たな取組が行われ始めている

　コスト削減を民間に求める場合、民間事業者がその案件に関心を示すかは地域や公園のもつマーケティングポテンシャルが大きく影響してくる。また、地域住民による公園経営自治なども、住民の理解度や運営主体の存在や能力に大きく左右されることになる。

　マーケティングポテンシャルは、大雑把ではあるが「大都市や収益事業性、集客性が見込める大規模公園」と「地方都市や住宅地にあり収益性が込めない小規模な公園」の2つに分類してパークマネジメントの傾向を捉えることができる。

　前者の公園は、前述の大阪城公園や天王寺公園などであり、総じて民間事業者のパークマネジメントやパークPFIへの参画意欲も強く、多様な戦略を打ち出すことが可能となる。それに対して後者は、全国に数多く存在する街区公園や児童遊園、区画整理などによる提供公園、ポケットパークなどが相当し、パークPFIなどの利便施設の設置面積が確保できないことや、利便施設やイベント等の利用者が集まらない、収容できない。近接住居への配慮が必要など、民間事業者にとってもビジネ

スの可能性や効率性が低く、公民連携が進まないということが起こりやすい。

　全国的に課題となるのは、こうした小規模公園である。現状では、こうした公園では複数の公園をまとめて指定管理者を定めたり、地域住民や公園愛護会などへ一部業務委託して、管理コストの軽減を行っていることが多い。

　また、住居地域などに存在する公園では、民間事業者が行うパークマネジメントの内容によっては、クレームや対立が発生することもある。例えば杉並区では「待機児童ゼロ」を掲げ、公園内に保育所の建設を進めようとしたが、子どものボール遊びの場所がなくなる、長期視点にたった計画ではない、などとして抗議活動が起こった事例もある。小規模公園には、環境変化や実情に応じた新たな機能の付加やアイデアによるマネジメントへの期待も高まってきている。

　民間事業者によるパークマネジメントが馴染まない小規模公園のほか、経済活動が不向きな公園などへの公民連携、市民協働には、どのような対策が必要であろうか。自治体の財政難のなかで、こうした公園に対して維持管理予算を潤沢に捻出し、実行に移すことも難しくなってきている。

　1つの解決策としては、大規模公園などのパークマネジメントにより削減した予算を、パークマネジメントになじまない公園に充当することが考えられる。だがこれは、予算縮小により他の公園に充当できない場合や、もとより経済性の高い公園が存在しなかったり、民間事業者を誘導できない場合などもある。

　他の策としては、公園部門の予算だけでなく、他部門の施策や予算の活用、他部門の所管施設との一体管理などの検討も必要である。たとえば、公園内に保育所や高齢者施設、教育や運動施設など他の機能をもつ施設や予算を投入するなどである。このことは、国が進めるパブリックリアルエステートの方針で、図2-3にある「1つの施設で官民問わず複数の機能を持たせることで、有効利用が可能」とする考え方に相当する。

　また、都市公園法の改正では、公園協議会の設置が推奨されている。

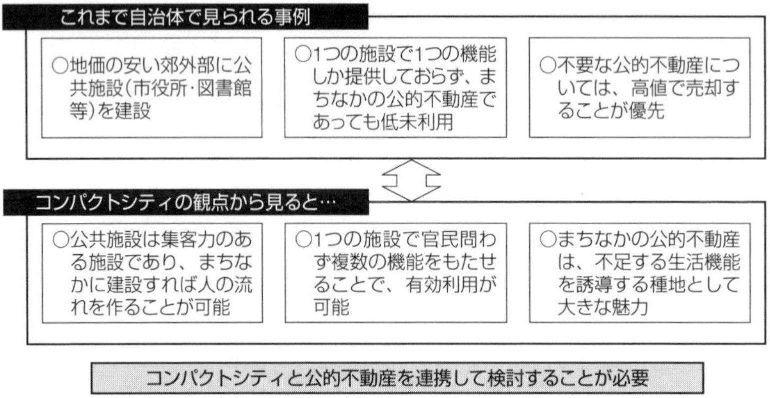

図2-3　まちづくりと公的不動産
(出所)国土交通省ホームページより新産業文化創出研究所(ICIC)が編集

　それによりローカルルールを策定し、そのルールにふさわしい事業者の選定、公園愛護会や地域の住民、農商工事業者、NPOなどによる公園パートナーの巻き込み、自らが主体となって公園活用を行う団体やコミュニティビジネスの創出、地域の住民や農商工事業者と民間事業者の協働、共創の環境を作ることなども対策の1つとなる。あるいは公園単体でパークマネジメントとして捉えるのではなく、地域全体での可能性、エリアマネジメントとしての可能性の追求なども考えてみると、よい解決策が見えてくることもある。

VI. 地域経営のための経営資産である公園価値と公園ストックの活用

　パークマネジメントは、供用開始済みの公園の維持管理費を軽減するだけではなく、今後は公園という公共不動産（PRE）を活用し、地域課題の解決やまちづくりに結び付けていくという視点をもって再整備や新整備することが大切である。このことは、徴税のみを財源として行政サービスを継続させていくことが困難となるなか、市民への負担を少なく地域経営を行うためには、こうした公的不動産（PRE）、つまり公的ス

トックの活用は有効な手段となるからである。

　公共不動産活用の利点としては、民間事業者が事業活動を行う上での事業投資としての不動産と同様である。不動産は資金調達にも重要な担保となる。地方公共団体にとっては、活動フィールドの提供、また現物出資と同様な扱いとすることにより、現金を使わずして民間事業者の誘導や共創を実現させることが可能となる。

　また、コンパクトシティの観点からも理にかなったことである。今後ますます加速するであろう人口減少や少子高齢化から、国土交通省はコンパクトシティと公的不動産を連携して住みやすいまちづくりを検討すべきであるとしている。1つの公園に複数の目的と機能、複数の行政部局の施策と予算の活用、各機能を実施できる複数の民間事業者と連携することが必要となってくる。

　さらに、地方公共団体も今後は公的不動産などの価値向上の努力を求められる。公園などの公的不動産の価値は、地方公用団体の財務指標に影響を及ぼす要因、つまり地方債の価値を決める要因ともなる。持続的な地方自治体経営に必要な資金調達のためには、今後、地方債を効果的に活用する必要がある。地方債の引受資金は、財政投融資などの公的資金から、銀行引き受けや市場公募などの民間資金へと比重を移し、特に市場公募の発行、国際市場からの調達などが増大するものと思われる。

　公園などの公的不動産を核として、民間の不動産の価値向上を図ることも重要であり、そのための国の施策も多方面から進められている（図2-4）。

　公共事業に対しては、透明性、客観性の観点から費用対効果を算出し、事業の効率性について明確化されるようになってきたが、公園に対しても同様の算出指標がマニュアル化（2017年4月）された。そのマニュアルにおいても、大規模公園と小規模公園では便益計測上の差異があるとされている。

　この検討では、公園整備や再整備、維持管理における費用対効果などが検討されている。ただし、公園の価値は公園と公園周辺のさまざまな関係因子により変動幅が多く、今後も手法の開発と検証が必要と思われ

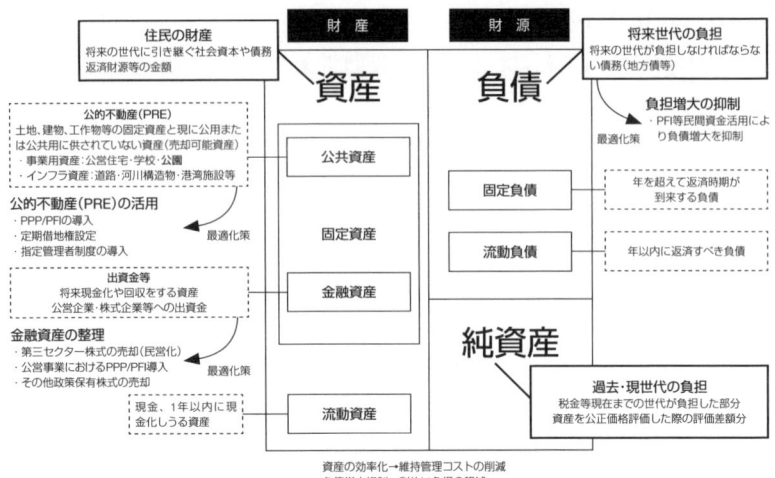

図2-4 地方公共団体のバランスシートと最適化策
(出所) 新産業文化創出研究所(ICIC)作成

る。今後、公園の PPP/PFI、パーク PFI、公民連携によるパークマネジメントに対する戦略や評価にも影響を及ぼすことになるであろう。

現在の公園価値の測定には、地域の満足度などの項目は考慮されているが、医療経済学や健康経済学から捉えた「公園と医療費の関係」、「公園と産業振興や企業誘致の関係」「レジリエンスなど防災効果や防災コストとの関係」など行政全体の複合的なサービスや施策に対する測定手法には至っていない。こうした効果の測定や評価が可能になると、ソーシャルインパクトボンドなどの普及にも結び付くであろう。

国土交通省は、2016年（平成28年）に「都市公園のストック効果向上に向けた手引き」を作成している。その手引きでは、都市公園のストック効果を十分発揮するためには、適切な維持管理、運営が必要であり、また、時代の変化やニーズの変化に応じて、ストック効果を維持・向上させるための工夫を、都市の状況や個々の都市公園の特性等に応じ、継続的に行うことが必要である、としている。

ストック効果を高める工夫としては、以下が挙げられている。

①戦略的マネジメントとして、都市全体の都市公園を対象にした戦略

を示す計画と公園個別に策定する計画を作る。
②さまざまな主体や施設と連携する。多様な主体との連携は、地域住民、エリアマネジメント団体、民間事業者、市民の継続的な参加など。また施設との連携としては、都市公園の中に施設を設置する、公園と隣接する施設との一体整備もしくは整備・管理など。
③ストックを再編する。機能の再編は、エリア内の公園の機能分担、核となる都市公園を核とした小規模公園の機能分担など。立地の再編としては、都市公園の整理統合、公園用地を活用した公共施設の集約化など。

Ⅶ. これからの戦略的パークマネジメント、パークPFI

　地域課題を解決するための公園としての機能を取り戻すためには、まずは短期から長期にかけての地域課題を明確化することが必要である。大規模な公園の場合は基礎自治体のもつ大きな課題、街区公園など地域に根差した公園は地域の住民や利用者がもつ課題や地域そのものの課題を把握し、その課題解決に対してまちづくりと公園の戦略的なマーケティング計画の立案を行う。どの公園を経営資産として活用するか、その経営に必要な技術や資金をどこから誘導するか、その経営主体や経営パートナーをどのように誘致するかなどがパークマネジメント実現の鍵となる。

　日本では、都市公園内に図書館や文化施設、スポーツ施設などの施設を有していることが多くあり、それらは行政内の施策や予算、国の地方交付金などを担う中央省庁をまたがって設置されている。海外では、地域課題解決のための公園整備というような考え方をすでにもっている。ニューヨークのブライアントパーク公園担当者は「われわれは公園の管理や整備に公的資金を導入しているのではなく、地域の教育や福祉、健康のために資金を導入している。そのことで、公園の利用率も上がり、地域の安全や安心、不動産価値向上に結び付いている。年間何百回もあるパークアクティビティや周辺の子供向けのワークショップもそのため

だ」と述べている。

　また、オーストラリアのビクトリア州では、公共部門改革の原則（①結果責任と説明責任、②顧客重視、③小さな官僚機構、④市場メカニズムの導入、⑤公的機関の専門的かつ実務的な経営）のもと、パークス・ビクトリアが組成され現在、メルボルンの都市公園と、国および州の公園と保護地区等の管理を一体的に実施している。特徴として医学・健康経済学の観点から「ヘルシーパークス・ヘルシーピープル」のスローガンにより、医療費削減の公園の研究と社会実験が始まっている。

　今後は、公園からもたらされる価値を、地方行政が行う幅広い行政サービスの支出との組み合わせで評価できるようになることで、公園に関わる予算投下の意味や携わる行政内部局やパークマネジメントの実施主体にも変化が現れるものと思われる。

　全国には、長年未開設のままとなっている都市計画公園が多く存在する。これらは、社会経済情勢の変化や地域の実情や課題の変化などから、求められる機能や役割も変わってきている。またすでに供用済みの都市公園においても、同様に地域実情や課題の変化から公園再整備の必要が出てきている。いずれの場合でも改めて社会情勢の変化に照らし合わせて公園の担うべき役割を検証する必要があるといえよう。

　このように公園の見直し時期は、あらためて公園を活用したまちづくり、つまり戦略的なパークマネジメントを民間事業者や地域の住民や農商工事業者、また周辺地権者などと議論していくタイミングでもある。

　これまでの都市公園は、ハードとしての整備後に、管理運営の担当部門に引き継がれてきた。したがってできあがったハードは、収益などを含めて管理する側の経営的な観点から整備や配置されているとは限らない。また、公民連携によるパークマネジメントは、すでに供用されているものに対して計画されることが多く、パークPFIなどでハード面の再整備を必要とするものが少なくない。

　都市公園のストック効果を踏まえた公園整備の方針を検討していくためには、利用者視点に加え、収益性を確保するための施設配置や導線、施設の環境整備、イベント事業者などの誘致や収益性を確保できる設備

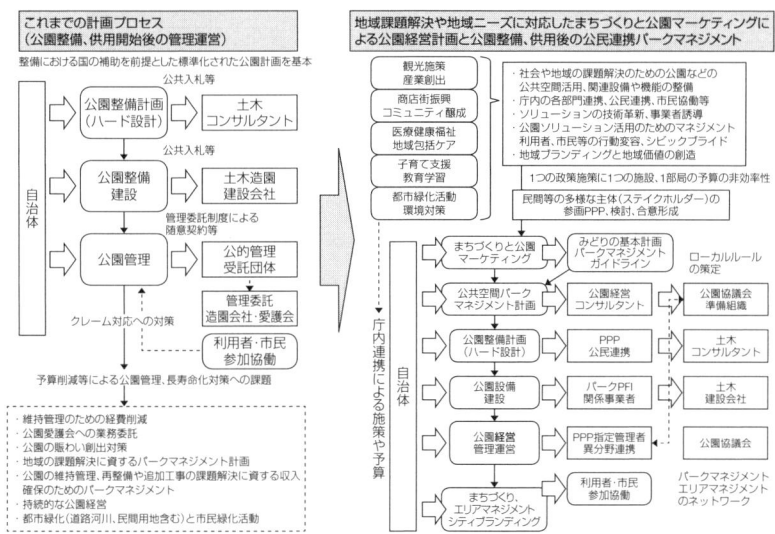

図2-5　地域課題解決の為の公園経営計画による公園整備プロセスの変更
(出所)新産業文化創出研究所(ICIC)作成

などパークマネジメントの効率性や事業者の運営管理手法、ビジネスモデルなどを前提に計画することが望ましい。また、実際に事業に参画する民間事業者や地域住民の存在の把握、そうした事業者へのアプローチが成功の鍵を握ることになる。

　こうした状況把握には、マーケットサウンディングなどが有効な手段であり、公園PPP/PFI、つまり公民連携の可能性を高めることができる。その場合、公民連携でパークマネジメントを推進することを前提として、整備計画の段階より民間事業者や市民のアイデアや意見を採用することも重要となる。マーケットサウンディングは、整備の計画段階だけでなく、公園の再整備やパークPFIの計画、整備後のパークマネジメント計画の立案においても有効である（図2-5）。

　マーケットサウンディングは、市民や地域の商工業者、公園活用者などに加え、パークマネジメントに関わるコンサルタント、有識者、そして関連技術や設備事業者、パークマネジメント実行者として想定した民間事業者などと目的に応じたPPPの検討の場を創ることで、より多面

的なパークマネジメントへとつながる。マーケットサウンディングもヒアリング調査や公募型、研究会型など、その効果を最大化する手法を用いることも必要である。

　今まではハード中心に策定されてきた「みどりのマスタープラン」などにおいても、戦略的なマネジメントの考え方を反映していくことが望まれる。地方自治体内の公園や緑地、広場、山林や民間緑地などを含め、地域全体の緑とオープンスペースを戦略的な地域（都市）マネジメントを行うものである。

　公園も「ソフトに応じたハード整備」というような民間経営では当たり前の構図へと変更し、その実現を阻む課題は何かも追及しなくてはならない。

　近年では、地方公共団体が事業者に対して公民連携のためのマーケットサウンディングを行うことが増えてきているが、今後は公園PPP/PFI、公民連携に際し、資金力、あるいは優れたアイデアや技術を持つ民間事業者の誘導や獲得も地域間競争にさらされることが予想される。そこで、いかにパークマネジメント事業者となる優れた民間事業者の参画を促すかが大切となってくるであろう。

　これまで公園の管理に関わってきた民間事業者に加え、地域経営の戦略遂行の技術をもつ新たな民間事業者やコミュニティビジネスを考える主体へのアプローチも必要である。しかし、そもそも市場と考えていない事業者に対してどのようにパークマネジメントに関心をもってもらうか、起業や地域へ誘導するか、また1社でできない場合、どのように育成や異分野の連携を実現させることができるかなども考えていく必要がある。

　民間事業者の誘導が困難な地域や公園などに対しては、地域の住民や農商工事業者にパークマネジメントのすべて、また一部を担ってもらうことも考えられる。特に地方の小規模な公園においては、住民などの自主的な参画のほか、公園周辺地権者、地域の農商工事業者、そこに勤める就労者などの昼間人口や、交流人口、そして関係人口と呼ばれる人々や、そうした人々からつながる地域外の企業や学校など、多様なステイ

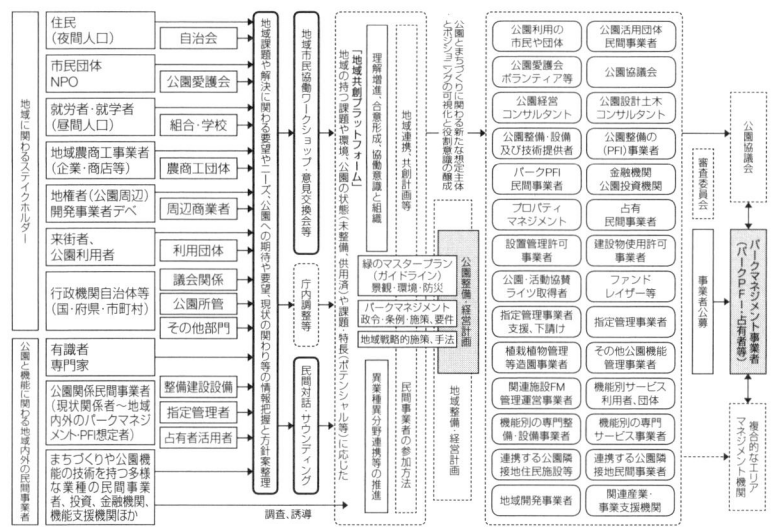

図2-6 多様なステイクホルダーによる地域共創プラットフォームとパークマネジメント主体の育成
(出所)新産業文化創出研究所(ICIC)作成

クホルダーを積極的に巻き込むことを考えばならない。そして公民連携や市民協働の必要性と同時に公園の活用の可能性、パークマネジメントに対する理解を深めるため、地域外の多様なステイクホルダーなども巻き込んだ交流の機会を作ることが効果的である。具体的には、地域での勉強会やワークショップ、社会実験などの実施、小中学校などの公園活用の教育実践、公園を活用した防災訓練やお祭り、イベント、交流会・公園活用のコミュニティビジネスのスタートアップ支援などを通じ意識を高め、地域共創のプラットフォームの形成を実現する。

理想的には、行政と地域の住民や農商工事業者が主体的役割を果たし、戦略的パークマネジメントを遂行できる外部の民間事業者を選考、誘致し連携することが望ましい。地域が地域に必要なパークマネジメントのプロと契約する発想も必要であろう。そうした意識の高い住民と、シビックプライドのもてる地域を育てる戦略としても、地域共創のプラットフォームは力を発揮する（図2-6）。

また「パークマネジメントのガイドライン」を作成し、地域や関係者

に配布、また情報提供していくことも効果的である。外部へのわかりやすいパークマネジメントの指針となり、地域の公園に関わる公園協議会やパークマネジメントのプレイヤーへの参画意欲への向上と外部の民間事業者からの積極的な提案を受けることやその評価にも結び付く。

　パークマネジメントといえば、行政側から見た課題解決として捉えられることが多いが、地域の多様な実情に対応できる民間事業者の参入促進や育成、そして、こうした産業の振興に対する視点ももつべきだと考える。

Ⅷ. パークマネジメントへの新規参入とイノベーション

　パークマネジメントへの期待が高まるなか、優れた民間事業者の出現は重要である。このことは、前述のように、これまでパークマネジメントに関わりのない業界やプレイヤーの参入、それぞれの専門性をもつ事業者の連携、地域におけるコミュニティビジネスやソーシャルビジネスの確立などを含む。これらの民間事業者が参入するためには、公園やパークマネジメントが、魅力的な市場であることが重要であり、成長性のあるビジネスである必要がある。

　その魅力づけとなるのは事業規模も1つである。類似する公園の量的拡大や、公園に類似する環境フィールドへの横展開、公園で実施する機能を公園以外の公共空間や民間用地での活用、民間市場への横展開のほか、パークマネジメントから多様なサービスをもつエリアマネジメントとの連動、ファシリティマネジメントやエネルギーマネジメント、ヘルスマネジメントなどのマネジメントとの組み合わせによるポートフォリオ、国際市場への展開などであり、ここでは多少なりとも市場を俯瞰してみるテクニックが必要である。

　また、パークマネジメントの技術革新や生産性の向上、人材の育成も求められる。そのための新たなビジネスモデルや関連技術、製品が、公園やパークマネジメントに投入されることと、そのコストの軽減策、技術や製品の標準化や汎用性の向上、すでに普及した製品技術や製品の公

園への応用なども考えていかなくてはならない。

　資金調達の方法も、クラウドファンディングやソーシャルインパクトボンド、ふるさと納税、公園ファンド、信託制度、価値の流動化、関連金融商品、ライツビジネスなども紐づいてくる。ファンドレイジングなどに関わるプレイヤーの育成と参画も産まれてくるだろう。

　これら産業振興の視点までもったパークマネジメントの推進は、一朝一夕で成り立つものではない。これまでに想定されてこなかったような異分野の事業者間の連携、企業と地域の市民や団体との連携などを一歩一歩進め、実証していくことが必要である。企業の研究開発や産官学の連携などによる技術開発などの実証実験として公園をフィールドに提供し、パークマネジメント事業者と社会実験を行うことも推進方法の1つとなる。

　民間側においても2013年（平成25年）に「パークマネジメントと次世代公園研究会」などが発足し自主的な活動が進みだした。筆者も関わる同研究会では、社会や地域の課題解決と公園の役割、公園の課題解決とパークマネジメント、パークマネジメントを充実させるための産業や文化創出と市場開拓の観点から異分野からの参入促進と異分野間の連携、技術の体系化と開発、社会実験の実施、地方公共団体や地域活動の支援などを行っている。

　これまで研究会には、地方公共団体や造園土木、イベントや飲食などのパークマネジメント参入の先行業界だけでなく、これまで公園に関わりのなかった半導体産業やICT、エレクトロニクス産業、自動車産業、医療や健康産業、銀行や保険などの金融機関など国内外の約900機関が参加してきている。

　研究会では、公園とICT、IoT、ロボット、ビックデータ、AIとの関係や、衛星などのリモートセンシング、防災と経済性を両立するパークレジリエンス、公園文化とブランディングによるライツビジネスなどを論じてきた。キッチンカーや移動販売車のための公園インフラ、音や光、エンタテイメント機能、公園内移動手段、健康や運動支援機能と科学的根拠などのほか、観光や地域産業を促す公園、海外日本庭園のパー

クマネジメントなど、さまざまなテーマで議論も積み重ねてきている。海外の公園関係者とも広大な規模をもつ自然公園課題の解決策や企業誘致策の検討も行われ、わが国のさまざまな行政機関もこうした議論に加わってきている。

　多様な主体がソーシャルビジネスへ参画し事業として確立するのであれば、また、そのことが民間事業者にとっての持続的な経営に結び付くのであれば、企業のCSVの成功例として、パークマネジメントを強く打ち出すことが可能となる。

　そのほか、都市公園法改正以降、公園に関わる行政団体や業界団体などにおいても公園PPP/PIFなど公民連携のためのパークマネジメントやパークPFIの勉強会が実施されるようになっている。また、各団体の活動ワーキングとして研究会なども立ち上がりつつある。

　進みだしたばかりの公民連携のパークマネジメントやパークPFIであるが、今後行政側、民間側にもさまざまな課題が見えてくるであろう。しかし、その都度、解決策を見つけパークマネジメントや支援産業が育つこと、そして、このソリューションと関連製品などが日本の海外展開の産業にすることも効果的な戦略の1つといえるだろう。こうしたパークマネジメントのイノベーション議論もまもなく始まることとなるはずである。

第 2 部

PPPと
まちづくり

第3章

PPPの概要

まちづくりを推進するに当たっては、行政と民間主体が何らかの形で連携するPPP（Public Private Partnerships）が活用されることが多い。

第2部では、このPPPの意義、事業形態などPPP全般について整理した上で、PPPを活用したまちづくりについて考察することにしたい。

I．PPPの意義

PPPとは、行政と民間主体（企業、NPO/市民等）が連携して公共分野を担うことにより、効率的かつ効果的な都市経営を実現することであり、日本では公民連携あるいは官民連携と称されている。

図3-1のとおり、従来、公共分野を担うのは行政（官）（＝I）、私的分野を担うのは民間主体（民）（＝Ⅳ）という姿が大半であったが、行政

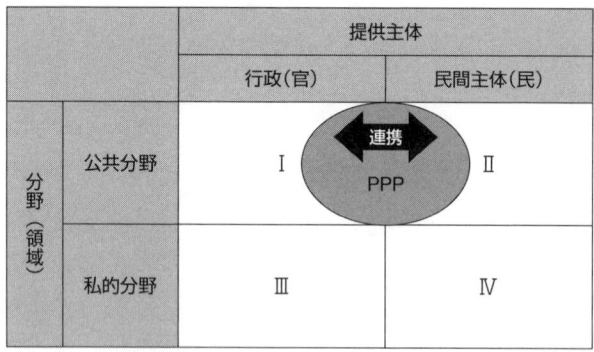

図3-1　官民公私の4象限とPPP

の硬直性等が指摘されるなか、公共分野にも民間主体のノウハウ、技術、アイディア、柔軟性等を取り入れる必要性が認識されることになった。一方、これまで公共分野は行政が独占してきたこともあり、民間主体は当該分野における専門知識・ノウハウ等を十分に有していないため、行政と民間主体が連携し（PPP）相互補完することで、効率的かつ効果的な対応を図ることにしたものである。

　なお、かつては私的分野を行政が担うケース（Ⅲ）が多々見受けられたが、これを本来の民間主体に提供してもらう姿（Ⅳ）にしようとするのが民営化である。民営化は、行政が関与しないのが一般的であり、行政と民間主体が連携する、すなわち行政の一定の関与のもと民間主体が公共分野を担うPPPとは区別される[1]。

Ⅱ．PPP活用の背景と効果

1．PPP活用の背景

　PPPの活用が必要とされる背景としては、第一に地方自治体の財政が厳しさを増していることが挙げられる。すでに地方自治体では財政が硬直化し厳しい状況に陥っているところが多いが、今後人口減少や高齢化が加速的に進行するとみられるなか、税収の減少、扶助費など財政需要の増加等に伴い、より厳しい状況におかれることが予想される。加えて、公共施設等の維持更新問題が横たわる。現在地方自治体の所有する公共施設等は、一般的に高度経済成長期に集中して整備されたものが多く、これらの施設が一斉に耐用年数を迎えつつある。安全性を確保する上でも、これらの施設をそのまま放置することは避けなければならず、必要とされる施設については建替や長寿命化改修といった維持更新投資を今後集中的に行うことが必要になり、そのための財政需要はきわめて多額になる。地方自治体においては、このような基盤を揺るがしかねない状況のもと、これまで以上に財政負担の軽減や財政規律の向上を図っていくことが必要になっている。

　第二に、地方自治体職員の減少がある。財政が厳しさを増すなか、す

でに職員数の削減が進んでいることに加え、まもなく定年を迎える50歳以上の職員が多い年齢構成のもと、ますます減少を余儀なくされるとみられる。このため公共分野を支える担い手が不足してしまう可能性がある。

第三に、住民の生活様式や価値観が多様化するなか、公共分野に対する住民のニーズも高度化・多様化しており、地方自治体においては、今後こうしたニーズを踏まえた対応が求められる。

このようななかにあっては、従来のように公共分野を行政が単独で担い続けることは最早困難であり、行政と民間主体が連携して公共分野を担うPPPの活用を推進していくことは避けられない状況となっている。

2．PPP活用の効果

こうした背景のもとPPPを活用することにより、以下の効果を期待することができる。

①民間主体のノウハウ、技術、アイディア、柔軟性等を活用することにより、高度化・多様化する住民ニーズにも対応した「**サービスの質の向上**」が図られること。

②民間主体のノウハウ、技術、アイディア、柔軟性等を活用することにより、コストの圧縮や収入の増加を通じ、「**財政負担の軽減**」が図られること。

③民間主体にとっては、公共分野への参入機会が生まれ、新たな「**ビジネスチャンスの創出**」が図られること。

④行政と民間主体がともに知恵・ノウハウ等を出し合い相互補完しながら公共分野における取り組みを進めることで、これまでにはなかった新たな「**地域価値の創出**」につながる可能性もあること。

Ⅲ．PPPをめぐる国の動き

国では、1999年（平成11年）に「民間資金等の活用による公共施設等の整備等の促進に関する法律」（いわゆるPFI法）を施行した後、2003

年(同15年)には改正地方自治法により「指定管理者制度」を、2006年(同18年)には「簡素で効率的な政府を実現するための行政改革の推進に関する法律」(行政改革法)および「競争の導入による公共サービスの改革に関する法律」(公共サービス改革法)により「市場化テスト」を創設するなど、この頃にPPPにかかる制度的基盤の整備を図っている。

近年では、2013年(平成25年)以降策定されている「日本再興戦略」や「経済財政運営と改革の基本方針」においてPPP/PFIの抜本改革と推進をうたい、行政改革の一手法としての枠を越え、わが国の経済成長を支える取り組みとして位置づけるに至っている。

これを受け、2013年(平成25年)には「PPP/PFIの抜本改革に向けたアクションプラン」を、2016年(同28年)にはこれを発展させた「PPP/PFI推進アクションプラン」を決定[2]し、数値目標を示しつつ国として積極的に推進する姿勢を明らかにしている。

さらに、2015年(平成27年)には「多様なPPP/PFI手法導入を優先的に検討するための指針」を決定し、行政が公共施設等の整備などを行うに当たり、従来方法に優先して多様なPPP/PFI手法の導入について検討することを求めている。そのなかでは、多様なPPP/PFI手法導入を優先的に検討する仕組みを構築するため「優先的検討規程」を定めることを、人口20万人以上の地方自治体に要請するとともに、それ以外の自治体に対しても同様の取り組みを促す[3]ものとなっている。

このほか、先に述べた公共施設等の維持更新問題と人口減少等に伴う需要の変化等に対応すべく、2014年(平成26年)、総務省は地方自治体に対し、公共施設等を総合的・計画的にマネジメントするための「公共施設等総合管理計画」の策定を要請しているが、そのなかでPPP/PFIの積極的な活用を検討するよう求めている。

このように、国においては、最近になり、PPPの活用を積極的に推進する動きを強めるものとなっている。

注

1) 第4章で後述するとおり、行政の関与するPPPの一形態としての民営化もある。
2) 「PPP/PFI推進アクションプラン」は、2016年（平成28年）に策定されて以降、毎年改定されている。
3) 「優先的検討規程」の策定は、毎年改定されている「PPP/PFI推進アクションプラン」において、年々強く要請されるようになっている。

参考文献

第6章末参照

第4章
PPPの類型・事業形態[1]

I．PPPの類型

行政と民間主体（企業、NPO/市民等）が連携して公共分野を担うPPPは、一般に次の3つの類型に分類される（図4-1）。

1．公共サービス型

公共施設等の整備や公共サービスの提供を行うに当たり、行政単独ではなく、PFIや指定管理者制度等の手法を活用し、行政と民間主体が連

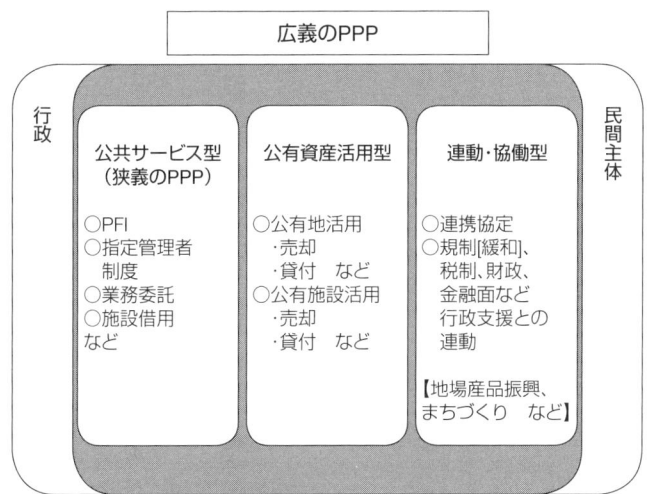

図4-1　PPPの3類型
（出所）佐野(2009a)をもとに筆者作成

携しながら対応するタイプである。狭義にPPPといえば、この公共サービス型を指す。

2．公有資産活用型

行政の所有する土地・建物等（公有資産）を一定の条件を付して民間主体に売却・貸付等を図り、これらについて民間主体に有効に活用してもらうタイプである。

3．連動・協働型

行政と民間主体が連動・協働しながら公共分野にかかる施策や事業を行うタイプであり、
- ○行政と民間主体の間で連携協定等を締結し、それに基づき行政と民間主体が役割分担をしながら協働する
- ○行政による規制（もしくは規制緩和）、税の減免、補助金等の支出、制度融資の実行といった優遇策等と連動して民間主体が活動を行う

等が挙げられる。

Ⅱ．公共サービス型PPPの事業形態

これら3つの類型のうち最も活用されることの多い公共サービス型PPPについてみると、以下の3つに区分される。
① 公共施設等の整備（増改築・改修等を含む）を伴いつつ、公共サービスの提供を行う場合に活用するPPP
② 公共施設等の整備を伴わず、現在行政が提供中の公共サービスに活用するPPP
③ これら公共サービスの提供を支える行政内部の間接業務に活用するPPP

ここでは、まちづくりに関連する①②の事業形態について整理したい。

1. 公共施設等の整備を伴う場合の事業形態

　公共施設等の整備を伴いつつ公共サービスの提供を行う過程を、公共施設等の建設（増改築・改修等を含む）と管理運営に区分し、それぞれを担う主体が行政か民間主体かによってマトリクス状に整理すると、図4-2のとおり、

- 建設、管理運営ともに行政が担う**公設公営**
- 建設を行政が、管理運営を民間主体が担う**公設民営**
- 建設を民間主体が、管理運営を行政が担う**民設公営**
- 建設、管理運営ともに民間主体が担う**民設民営**

の4つのパターンになる。

　従来は、これらのうち建設、管理運営ともに行政が担う公設公営を採用するケースが大半を占めてきたが、ここにPPPを活用する場合には、

- 公設公営のなかで管理運営を構成する一部の業務を民間主体に委ねる（業務委託）
- 公設民営
- 民設公営
- 民設民営

という4方向が考えられる。以下、これら4方向における代表的な事業

		管理運営	
		行政	民間
建設	行政	公設公営 ○業務委託 　（一部業務）　など	公設民営 ○指定管理者制度 ○管理運営委託 ○DBO ○貸付　など
建設	民間	民設公営 ○施設譲受 ○施設借用　など	民設民営 ○PFI　など

図4-2　公共サービス型PPP（公共施設等の整備を伴う場合）の事業形態

(出所)佐野（2004a）をもとに筆者作成

表4-1　公共サービス型PPPにおける「公共施設等の整備を伴う場合」の代表的な事業形態

事業形態		官民の役割分担			概要
		建設	管理運営	所有	
(1)公設公営		行政	行政	行政	
	業務委託				行政が建設・管理運営する施設等において、管理運営を構成する一部の業務を民間主体に委託する形態。
(2)公設民営		行政	民間	行政	
	①指定管理者制度				行政が「公の施設」を建設し、その管理運営を指定管理者として指定した民間主体に委ねる形態。 【管理運営費用を負担する主体により、a.指定管理料支払型、b.利用料金型、c.併用型に分類】
	②管理運営委託				行政が施設等(「公の施設」以外)を建設し、その管理運営を民間主体に包括的に委託する形態。
	③DBO				行政が施設等を建設し民間主体に管理運営を委ねるに当たり、民間主体に設計と建設工事の請負もあわせて一体的に委ねる形態(施設等の設計と建設工事等の発注(設計・建設主体・資金調達・所有は行政が担当)。 【管理運営費用を負担する主体により、a.指定管理料等支払型、b.利用料金型、c.併用型、などに分類】
	④貸付				行政が施設等を建設し、それを民間主体に貸し付け、当該施設等を活用した事業運営(管理運営)を民間主体に委ねる形態。
(3)民設公営		民間	行政		
	①施設譲受			行政	民間主体が施設等を建設した上で、当該施設等を行政が取得し管理運営を担う形態。
	②施設借用			民間	民間主体が施設等を建設した上で、当該施設等を行政が借り受け管理運営を担う形態。
(4)民設民営		民間	民間		
	①PFI(BTO)			行政	行政が関与しつつ、民間主体に施設等の設計・建設・管理運営・資金調達を一体的に委ね、建設終了時に当該施設等の所有権を行政に移転する形態。 【設計・建設・管理運営に要する費用を最終的に負担する主体により、a.サービス購入型、b.独立採算型、c.ジョイント・ベンチャー型に分類】
	②PFI(BOT)			民間 (契約期間終了後に行政に移転)	行政が関与しつつ、民間主体に施設等の設計・建設・管理運営・資金調達を一体的に委ね、管理運営を含めた契約期間終了後に当該施設等の所有権を行政に移転する形態(事業期間中は民間主体が所有)。 【設計・建設・管理運営に要する費用を最終的に負担する主体により、a.サービス購入型、b.独立採算型、c.ジョイント・ベンチャー型に分類】
	③PFI(BOO)			民間	行政が関与しつつ、民間主体に施設等の設計・建設・管理運営・資金調達を一体的に委ね、契約期間終了後も当該施設等の所有権を行政に移転しない形態(民間主体が所有)。 【設計・建設・管理運営に要する費用を最終的に負担する主体により、a.サービス購入型、b.独立採算型、c.ジョイント・ベンチャー型に分類】

(出所)佐野(2004a)をもとに筆者作成

形態について概観する（表4-1）。

(1) 公設公営（業務委託）

業務委託は、公共施設等の建設、管理運営ともに行政が担う公設公営において、清掃・警備といった管理運営を構成する一部の業務を行政が民間主体に委託する形態である（図4-3）。行政は、主に委託契約を通じガバナンスを確保することになる。

委託した業務に要する費用は、委託費として行政により負担される。また、今後、維持投資等が発生した場合には、その資金調達を含め行政が担うことになる。

業務委託契約は、1年とされるのが通常であり、必要に応じ、それが更新されることになるため、中長期的な視点に立った行政によるガバナンスの確保や民間主体のノウハウ活用等には限界がある。

(2) 公設民営

公共施設等の建設を行政が担う一方で、管理運営を民間主体に委ねる公設民営の主な事業形態には、指定管理者制度、管理運営委託、DBO、貸付等がある。

このうち最も代表的な形態である指定管理者制度は、行政の建設した公の施設[2]の管理運営を、指定管理者として指定した民間主体に委ねる

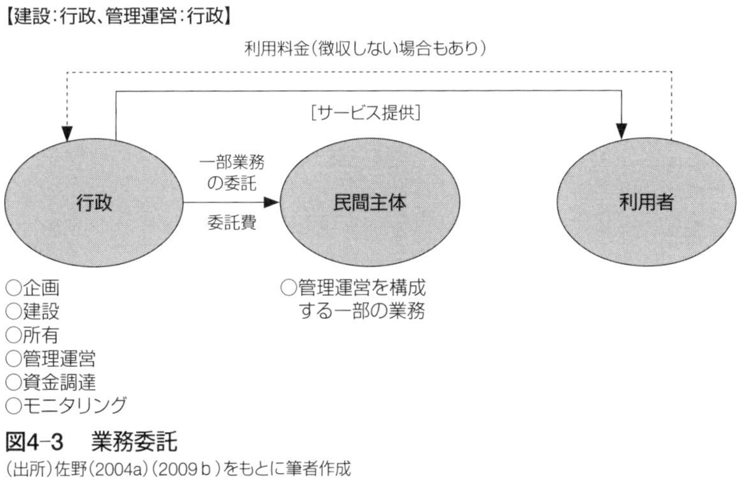

【建設：行政、管理運営：行政】

利用料金（徴収しない場合もあり）

［サービス提供］

行政 —（一部業務の委託／委託費）→ 民間主体　　利用者

○企画
○建設
○所有
○管理運営
○資金調達
○モニタリング

○管理運営を構成する一部の業務

図4-3　業務委託
（出所）佐野(2004a)(2009b)をもとに筆者作成

【建設:行政、管理運営:民間主体】

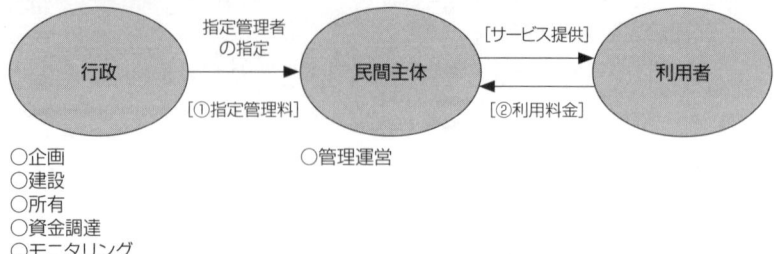

○企画
○建設
○所有
○資金調達
○モニタリング

図4-4　指定管理者制度
(注)　管理運営に要する費用の負担主体により、以下に分類される。
　　　○指定管理料支払型:行政の支払う指定管理料で賄う場合(①のみ)
　　　○利用料金型:利用者から得る利用料金で賄う場合(②のみ)
　　　○併用型:行政の支払う指定管理料と利用者から得る利用料金双方で賄う場合(①と②の併用)
(出所)佐野(2009a)(2009b)をもとに筆者作成

ものである(図4-4)。行政は、指定管理者として指定するに当たり民間主体と締結する協定等を通じて、ガバナンスを確保することになる。

指定管理者として民間主体に委ねた当該施設の管理運営に要する費用は、行政あるいは民間主体が負担することになり、その負担主体により、以下の3つの方式に分類される。

○指定管理料支払型
管理運営に要する費用を、行政が指定管理料として民間主体に支払うことで賄う方式
○利用料金型
管理運営に要する費用について、行政は一切資金負担をせず、提供したサービスの対価として民間主体が利用者から受け取る利用料金のみで賄う方式
○併用型
管理運営に要する費用を、民間主体が利用者から受け取る利用料金と行政から受け取る指定管理料の双方により賄う方式

当該形態では、一般に、今後発生する維持投資等については、その資金調達も含め行政が担うことになる。

指定管理者制度では、3～5年の期間を設定しているところが多く、期間終了の度に公募が行われる場合には競争原理が働きやすくなる一方、長期的観点に立った行政によるガバナンスの確保、民間主体のノウハウ等を活用した事業運営の効率化やサービスの質の向上等には限界がある。また、上記のとおり今後発生する維持投資等については行政が担うのが一般的であるため、維持投資等と管理運営を一体化して効率化を図ることは難しい面がある。

　なお、指定管理者制度は公の施設において活用可能な形態であり、当該施設が公の施設でない場合に管理運営を民間主体に委ねる際には、包括的に管理運営委託するかたち（委託契約の締結）をとることになる（構造としては基本的に指定管理者制度と同じ）。

　このほか、公設民営には、行政が公共施設等を建設し、民間主体に管理運営について指定管理者制度等を活用して委ねるに当たり、設計と建設工事の請負もあわせて一体的に民間主体に発注するDBO（Design-Build-Operate）等の形態があるが、この形態についてはPFIの項で詳述する。

(3) 民設公営

　公共施設等の建設を民間主体に委ねる一方、管理運営を行政が担う民設公営には、以下のとおり、施設譲受、施設借用等の形態がある。

　このうち施設譲受は、施設等を民間主体が建設した上で、当該施設等を行政が取得し、その管理運営を担う形態となる（図4-5）。行政は、自ら管理運営を担うことで、また民間主体と譲渡契約を締結するなかで、ガバナンスを確保することができる。

　行政は、民間主体に建設を委ねることで建設費を抑制することが可能になる一方、今後発生する維持投資等については行政が負担することになる。

　施設借用は、施設等を民間主体が建設した上で、当該施設等を行政が借り受け、その管理運営を担う形態であり、施設譲受に比し、施設等を所有することで発生するリスクを回避することが可能となる。

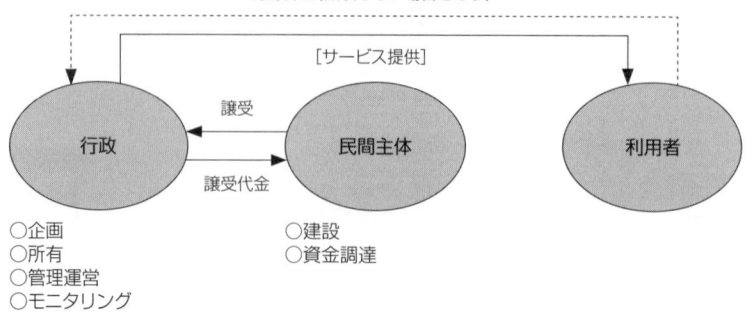

図4-5　施設譲受
(出所)佐野(2004a)をもとに筆者作成

(4) 民設民営 (PFI)

公共施設等の建設、管理運営ともに民間主体に委ねる民設民営で最も代表的な形態は、PFI (Private Finance Initiative) である。

① PFI

PFIは、公共施設等の設計、建設、管理運営、資金調達を一体的に民間主体に委ねる形態である。建設、管理運営に加え、設計や資金調達も併せて民間主体に委ねることで、民間主体のノウハウ、技術、アイディア、柔軟性、資金等を最大限に活かし、納税者に対し最大価値あるサービスを提供すること、すなわちVFM (Value for Money) の最大化を図ることを目ざすものである[3]。

一方、PFIは、設計、建設、管理運営、資金調達を一体的に民間主体に委ねるとはいえPPPの一形態であり、行政が、

○民間主体に事業を行ってもらうための条件設定(企画)
○その条件どおりに民間主体が執行しているかの監視(モニタリング)

をすること等を通じ、一定の関与を図っていくことになる。

さて、PFIは、建設した公共施設等の所有者により、BTO、BOT、BOOなどの事業方式に区分される[4]。

このうちBTO (Build-Transfer-Operate) は、民間主体が建設した施設等の所有権を、建設が終了し管理運営を開始する前に行政に移転する方

【建設：民間主体、管理運営：民間主体】

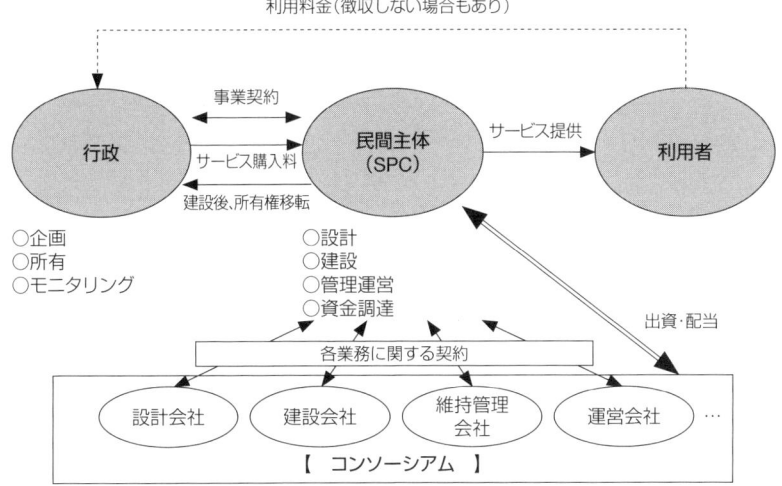

図4-6　PFI（BTO）（サービス購入型）
(出所)佐野(2004a)(2009b)をもとに筆者作成、図4-7〜9、12に同じ

式である（図 4-6 〜図 4-8）。

BOT（Build-Operate-Transfer）は、民間主体の担う建設・管理運営にかかる事業期間（契約期間）が終了した段階で、その所有権を行政に移転（契約期間中は民間主体が所有）する方式であり（図 4-9）、BOO（Build-Own-Operate）は、事業期間（契約期間）終了後、その所有権を行政には移転せず、民間主体が継続して所有するあるいは撤去する方式である（図 4-10）。

また、PFI は、設計、建設、管理運営等に要する費用を最終的に負担する主体により、以下の3つのタイプに区分される。

○サービス購入型
　これらに要する費用を、民間主体が行政から受け取るサービス購入料により賄う方式（行政が負担）（図 4-6）

○独立採算型
　行政は一切資金負担をせず、これらに要する費用を、提供したサービスの対価として民間主体が利用者から受け取る利用料金のみで賄

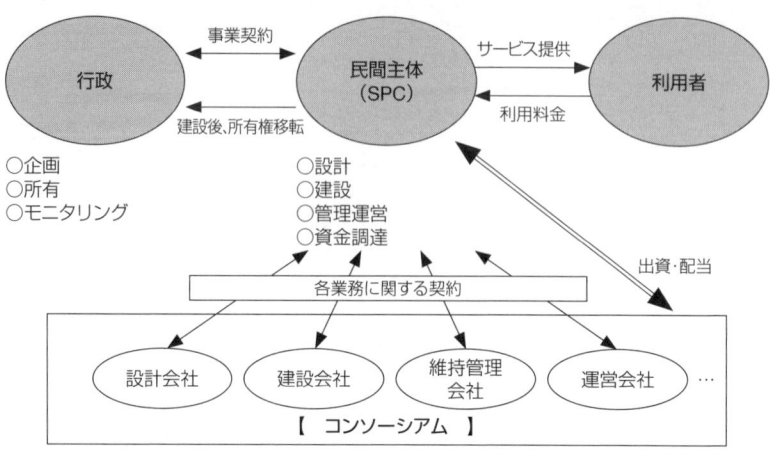

図4-7 PFI(BTO)(独立採算型)

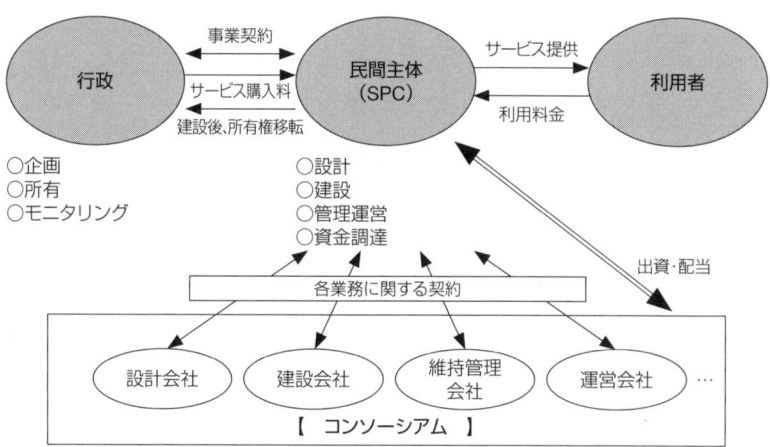

図4-8 PFI(BTO)(ジョイント・ベンチャー型)

【建設：民間主体、管理運営：民間主体】

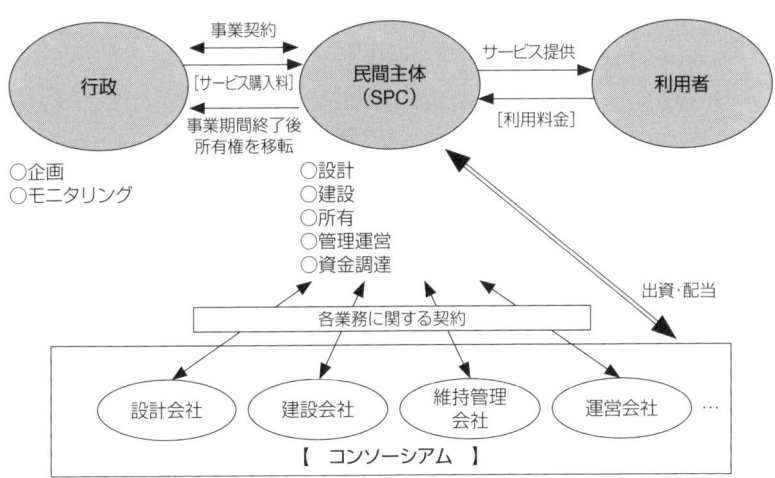

図4-9　PFI(BOT)

【建設：民間主体、管理運営：民間主体】

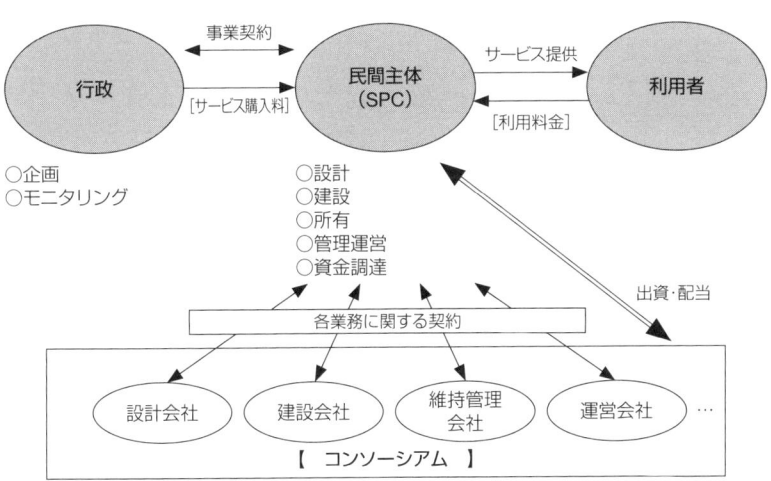

図4-10　PFI(BOO)

う方式（利用者が負担）（図 4-7）
○ ジョイント・ベンチャー型（混合型）
これらに要する費用を、民間主体が利用者から受け取る利用料金と行政から受け取るサービス購入料の双方により賄う方式（行政と利用者が負担）（図 4-8）

このように、PFI は、建設した公共施設等の所有者によって区別される事業方式と最終的な資金負担者により区別される事業タイプの組合せにより、活用される形態が決まることになる（図 4-11）。
このうち事業方式については、
○ 事業を継続できる期間が定まっている場合（土地を利用できる期間が定まっている場合など）等には BOO
○ 補助金の確保面を含め、完成後の施設等を行政が所有した方が適切な場合には BTO
○ 民間主体のノウハウや創意工夫を最大限に活用したい場合には BOT

を採用することになる。
他方、事業タイプについては、

			主な事業方式(施設の所有者)		
			BTO	BOT	BOO
			行政	民間 (契約期間終了後に行政に移転)	民間
事業タイプ(最終資金負担者)	サービス購入型	行政			
	独立採算型	利用者			
	ジョイント・ベンチャー型	行政+利用者			

図 4-11　PFI の事業分類

- 利用料金を得られない場合、利用料金では建設や管理運営等に要する費用をまったく賄えない場合、需要リスクを基本的に行政が負担すべき場合等にはサービス購入型
- 利用料金だけで建設や管理運営等に要する費用を賄うことが可能な場合、需要リスクを基本的に民間主体が負担すべき場合には独立採算型
- 利用料金だけでは建設や管理運営等に要する費用を賄えない場合、需要リスクを行政と民間主体が分担すべき場合にはジョイント・ベンチャー型

を採ることになる。

　PFI の場合、行政と民間主体との間で長期にわたる事業契約が締結されることになるため、行政による長期間のガバナンス確保が可能になる。また、長期契約となるが故に、民間主体の競争原理を活用する機会自体は限定されるものの、民間主体に設計、建設、管理運営、資金調達を一体的に委ねることで建設や管理運営を効率化するための施設設計が実現するなど、民間主体のノウハウ等を活用し長期的視点にたった事業運営の効率化やサービスの質の向上等を期待することができる。

② DBO

　PFI に類似した形態に DBO（Design-Build-Operate）がある。DBO は、前述したとおり行政が公共施設等を建設し民間主体に管理運営を委ねる公設民営に位置づけられる形態の一つであるが、民間主体に管理運営を委ねるに当たり、行政の建設（発注）する施設等の設計と建設工事の請負も併せて一体的に民間主体（同一のコンソーシアム構成企業）に委ねる形態である（図 4-12）。

　PFI が、設計と建設を担う主体（＝これら業務を発注する主体）まで民間主体に委ねるのに対し、DBO は設計と建設を担う主体はあくまで行政であり、民間主体は行政からの発注を受けて設計と建設工事の請負を行うにとどまるところに違いがある。これに伴い、設計・建設にかかる資金調達についても、PFI では民間主体が、DBO では行政が担うこと

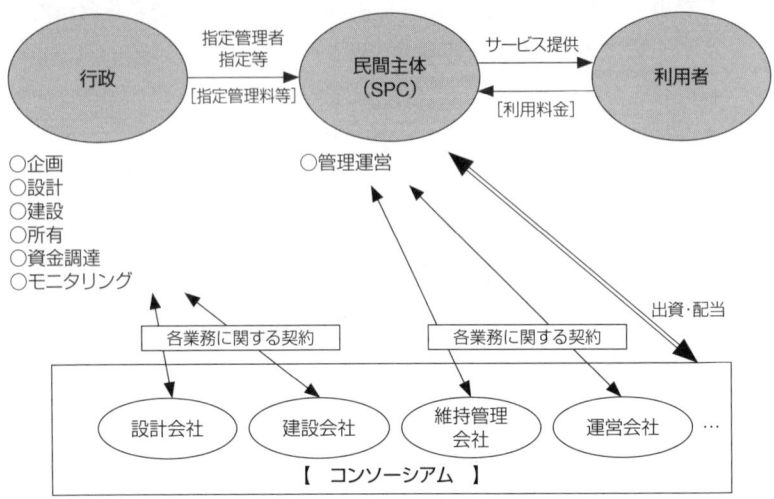

図4-12　DBO

になる。

　DBOは、上記のとおり、設計・建設に要する費用は発注主体である行政が負担することになるため、民間主体に委ねる管理運営に要する費用を最終的に負担する主体により、指定管理料支払型（サービス購入型）、利用料金型（独立採算型）、併用型（ジョイント・ベンチャー型）の3つのタイプに区分される。

　DBOでは、PFI同様、長期間の契約が締結されることで、長期にわたる行政によるガバナンスの確保、民間主体のノウハウ等を活用した長期的視点に立った事業運営の効率化やサービスの質の向上等が期待される。

　加えて、相対的に信用力の高い行政が資金調達を担うことにより、民間主体が資金調達まで担うPFIに比し、資金調達コストそのものは低くて済むという利点がある。その反面、資金調達も民間主体が担うPFIとは異なり、当該事業に対する金融機関のモニタリングを期待することはできず、行政におけるリスク負担の増加、モニタリング・コストの上

昇といった課題が生じることに留意する必要がある。

2．公共施設等の整備を伴わない場合の事業形態

次に、公共施設等の整備を伴わず、現在行政が提供中の公共サービスにPPPを活用する場合についてみていきたい。

公共施設等の整備を伴う場合と同様の考え方のもと、公共サービスの提供を行う過程を、公共施設等の所有と管理運営に区分し、それぞれを担う主体が行政か民間主体かによって整理すると、図4-13のとおり、

- 所有、管理運営ともに行政が担う**公有公営**
- 所有を行政が、管理運営を民間主体が担う**公有民営**
- 所有を民間主体が、管理運営を行政が担う**民有公営**
- 所有、管理運営ともに民間主体が担う**民有民営**

となる。従来、大半のケースで公有公営が活用されてきたが、ここにPPPを活用する場合には、

- 公有公営のなかで管理運営を構成する一部の業務を民間主体に委ねる（業務委託）
- 公有民営

		管理運営	
		行政	民間
所有	行政	公有公営 ○業務委託 　（一部業務）など	公有民営 ○指定管理者制度 ○管理運営委託 ○貸付 ○コンセッション など
	民間	民有公営 ○セール＆ 　リースバック など	民有民営 ○譲渡 　（行政関与型 　民営化）など

図4-13　公共サービス型PPP（公共施設等の整備を伴わない場合）の事業形態

(出所)佐野(2009b)をもとに筆者作成

表4-2 公共サービス型PPPにおける「公共施設等の整備を伴わない場合」の代表的な事業形態

事業形態	官民の役割分担 所有	官民の役割分担 管理運営	概要
(1) 公有公営			
業務委託	行政	行政	行政が所有・管理運営する施設等において、管理運営を構成する一部の業務を民間主体に委託する形態。
(2) 公有民営			
①指定管理者制度	行政	民間	行政の所有する「公の施設」の管理運営を、指定管理者として指定した民間主体に委ねる形態。【管理運営費用を負担する主体により、a.指定管理料支払型、b.利用料金型、c.併用型に分類】
②管理運営委託	行政	民間	行政の所有する施設(「公の施設」以外)の管理運営を、民間主体に包括的に委託する形態。
③貸付	行政	民間	行政の所有する施設等を民間主体に貸し付け、当該施設等を活用した事業運営(管理運営)を民間主体に委ねる形態。
④コンセッション(公共施設等運営権)	行政	民間	利用料金を徴収する公共施設等において、当該施設を行政が所有しつつ、民間主体に当該施設を管理運営する権利(運営権)を設定する形態。PFIの一形態であり、管理運営に加え、当該施設等の維持投資(建替を除く)にかかる設計・建設・資金調達も一体的に民間主体に委ねることになる。
(3) 民有公営			
セール&リースバック	民間	行政	行政が所有し管理運営している施設等を一旦民間主体に売却し所有権を移転すると同時に、当該施設等を借り戻し、従前どおり行政が管理運営を担う形態。
(4) 民有民営			
譲渡(行政関与型民営化)	民間	民間	行政の所有する施設等を民間主体に譲渡し、それに伴い事業運営も民間主体に移転するもので、譲渡後も行政が一定の関与を図る形態。施設等を譲渡した対価を金銭により受け取る場合と株式により受け取る場合がある(無償のケースもあり)。

(出所)佐野(2009b)をもとに筆者作成

　〇民有公営
　〇民有民営

という4方向が考えられる。この4方向における代表的な事業形態は、主に以下のとおりである(表4-2)。

(1) 公有公営(業務委託)

　業務委託は、公設民営の場合同様に、公共施設等の所有、管理運営ともに行政が担う公有公営において、清掃・警備といった管理運営を構成する一部の業務を行政が民間主体に委託する形態である。

(2) 公有民営

　公共施設等の所有を行政が担う一方で、管理運営を民間主体に委ねる

公有民営の主な事業形態には、指定管理者制度、管理運営委託、貸付、コンセッション（公共施設等運営権）等がある。

①指定管理者制度・管理運営委託

指定管理者制度は、公有民営のうち最も代表的な形態であり、行政の所有する公の施設[5]の管理運営を、指定管理者として指定した民間主体に委ねるものである。一方、管理運営委託は、当該施設が公の施設でない場合に管理運営を民間主体に包括的に委託するものである。

いずれも、詳細は前述した「公設民営」の部分を参照されたい。

②貸付

貸付は、当該施設等を行政が所有しつつ、民間主体に有償もしくは無償で貸付を行うことで、当該施設等を活用した事業運営（管理運営）をその民間主体に委ねる形態である（図4-14）。

この場合、基本的に、管理運営に要する費用は、サービスの対価として民間主体が利用者から受け取る利用料金で賄うことになる。

当該形態の場合、当該事業の管理運営全般を民間主体に委ね、民間主体は市場原理に基づいてサービス供給を行うのが一般的である。このため、行政によるガバナンスは、施設等の貸付を行うに当たり民間主体と締結する貸借契約の中で、貸借に関連する限られた範囲でのみ確保されることになる。

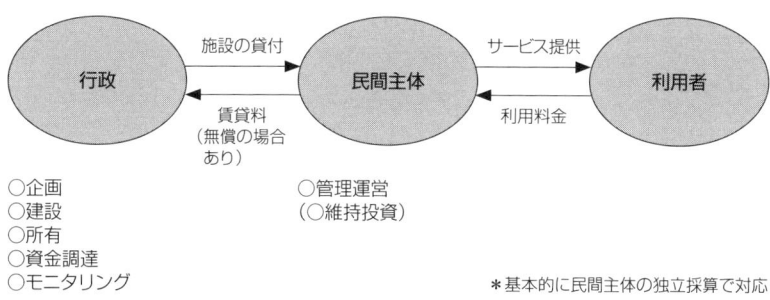

図4-14　貸付
(出所)佐野(2004a; 2009b)をもとに筆者作成。図4-16～17に同じ

③コンセッション（公共施設等運営権）

コンセッション（公共施設等運営権）は、利用料金を徴収する公共施設等において、当該施設を行政が所有しつつ、民間主体に当該施設を管理運営する権利（運営権）を設定する形態であり（図4-15）、PFIの一形態として位置づけられている。わが国においても、2011年のPFI法改正により導入され、空港、道路、上下水道、文教施設で活用が進みつつある。

コンセッションの特徴としては、以下の点が挙げられる。
○利用料金を徴収する公共施設等が前提であること。
○上記のとおり、行政が当該施設等を所有し、民間主体が管理運営を担う公有民営の一形態であること。
○民間主体が運営権を得るに当たり、当該施設等の改修や増改築などの維持投資（建替を除く）も一体的に民間主体に委ねることができること。その際、PFIの一形態であることからわかるように、管理運営に加え、この維持投資にかかる設計、建設、資金調達も一体的に民間主体に委ねるものとなること。

なお、民間主体によって維持投資（改修・増改築等）で整備され

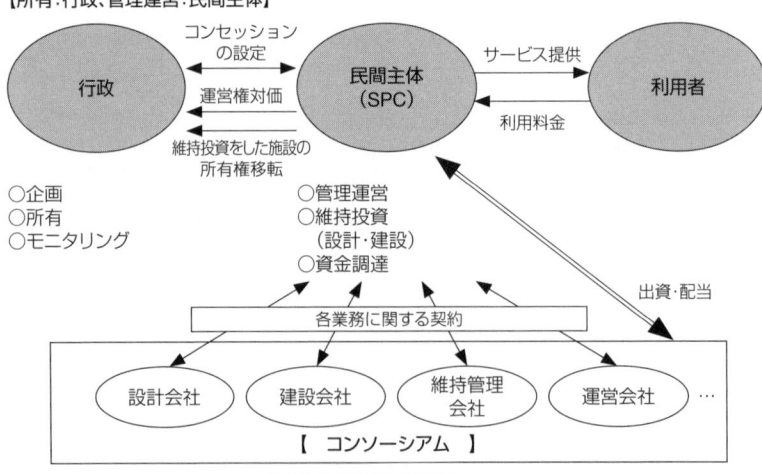

図4-15　コンセッション（公共施設等運営権）

た施設等の所有権は、建設終了時に行政に移転されることになる。したがって、わが国のコンセッションは基本的に独立採算型のRTO（Rehabilitate-Transfer-Operate）と位置づけることができる[6]。

- 行政は、民間主体に運営権を設定するに当たり、民間主体が当該施設等の管理運営を行うことで得られる利益の一部を、運営権対価とし獲得できること。
- コンセッションは、PFI法上、物権としてみなすこととされており、これに抵当権等を設定可能であること。このため、それが担保になり、民間主体が維持投資を行うに当たり金融機関から資金調達を得ることが相対的に容易になること。

コンセッションは、上記のとおり、事業内容によってはコンセッション設定時に運営権対価として多額の財政上のメリットを得ることができる。加えて、PFIの一形態であり、行政と民間主体との間で長期にわたる事業権契約が締結されるため、

- 行政による長期間のガバナンスを確保しやすいこと
- 民間主体が運営リスクを負う一方で、より自由度の高い事業運営、ノウハウ等を活用した長期的視点にたった事業運営が可能になること

等から、事業の効率化やサービスの質の向上等が期待される。さらに、今後発生する維持投資と管理運営を一体的に民間主体が担うため、維持投資を極小化するための管理運営、管理運営に配慮した維持投資の実施等も可能になり、事業全体の効率化（ライフサイクル・コストの軽減）やサービスの質の向上に寄与することが期待される。

なお、コンセッションについて、同じ公有民営の形態となる指定管理者制度と比較すると、表4-3のとおりであり、上記のコンセッションの特徴をより明確に理解することができる。

これらを踏まえれば、

- 長期にわたり利益を確保し得、運営権対価の獲得を期待できる事業
- 民間主体に自由度を与えることで、事業運営の効率化やサービスの

表4-3　コンセッションと指定管理者制度との相違

	コンセッション	指定管理者制度
根拠	PFI法	地方自治法
法的性質	行政処分 【運営権(**物権**)の設定】	行政処分 【指定管理者の指定】
施設の所有	行政	行政
業務の範囲	事実上の業務、定型的行為、使用料等の収入の徴収、ソフト面の企画、**維持投資**	事実上の業務、定型的行為、使用料等の収入の徴収、ソフト面の企画、**使用許可**
料金の収受	運営権者の収入	指定管理者の収入も可
料金の設定	運営権者が設定→届出	指定管理者が設定→承認
対価の徴収	可能(**運営権対価の徴収**)	利益等の一部を納付する例あり
抵当権設定	**可能**	不可
地位の移転	**可能(要議会承認)**	不可(取消&新規指定)

(出所)総務省地域力創造グループ地域振興室(2014)をもとに筆者作成

質の向上が期待できる事業
○そう遠くない時期に改修や増改築などの維持投資を控える事業（管理運営と一体化した事業運営の効率化、コンセッションが物権とみなされ抵当権設定が可能であることを活かした資金調達の円滑化といったメリットの活用）

の場合には、コンセッションの活用を積極的に検討する価値があるといえよう。

(3) 民有公営（セール＆リースバック）

公共施設等の所有を行政から民間主体に移転する一方で、その管理運営を引き続き行政が担う民有公営の事業形態には、セール＆リースバックがある。これは、行政が所有し管理運営している施設等をいったん民間主体に売却し所有権を移転すると同時に当該施設等を借り戻し、従前どおりに行政が管理運営を担う形態である（図4-16）。

行政は、自ら管理運営を担うことで、また民間主体と譲渡契約および賃貸借契約を締結することで、ガバナンスを確保することができる。

対象となる施設等のなかに、空きスペース等がある場合、あるいは機

【所有：民間主体、管理運営：行政】

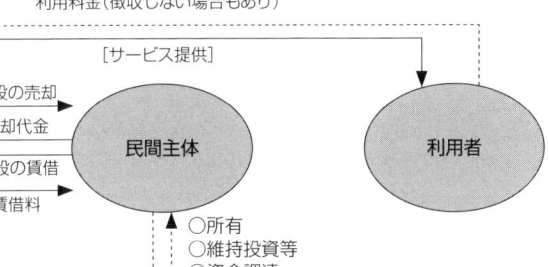

図4-16　セール&リースバック

能の集約化等を通じ空きスペース等の確保が可能な場合には、この空きスペース等の活用を民間主体に委ね、行政は必要とする残りのスペースだけリースバックを受けることも考え得る。この場合、民間主体においては自主的な運営努力によって利益を得ることが可能になる。また、行政にとっても、民間主体に支払う賃借料の軽減、空きスペース等の有効活用の実現といったメリットを確保できることになる[7]。

(4) 民有民営（譲渡）

施設等の所有、管理運営ともに民間主体に委ねる民有民営の主な事業形態には、譲渡（行政関与型民営化）がある。

譲渡は、行政の所有している公共施設等を民間主体に譲渡し、それに伴い事業運営（管理運営）も当該主体に移転する形態である（図4-17）。

譲渡に対する対価については、金銭で得る場合と当該民間主体の株式で得る場合が考えられる（無償譲渡の場合もあり）。後者の場合、行政は当該民間主体の持株主体となり、株主として当該主体を所有することになるが、この株式の一部を市場等で売却すること等により、別の主体（株

【所有:民間主体、管理運営:民間主体】

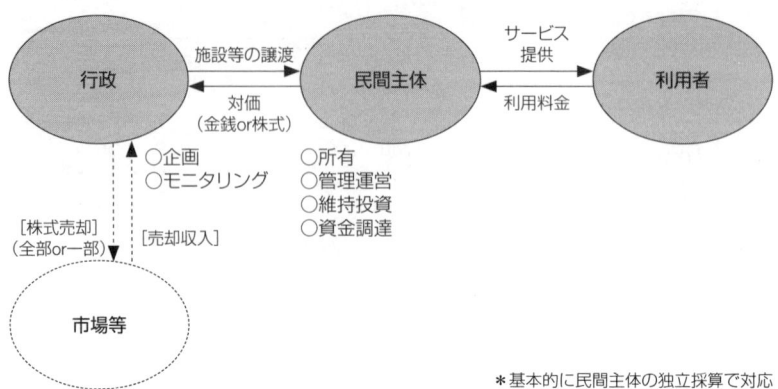

*基本的に民間主体の独立採算で対応

図4-17　譲渡（行政関与型民営化）

主）と当該事業を分担して所有することもできる。

　譲渡後の管理運営に要する費用は、当然ながら民間主体がサービスの対価として利用者から受け取る利用料金で賄うことになる。

　通常の譲渡の場合、譲渡に伴い当該事業は完全に民間主体に委ねられることになる（民営化＝市場原理を基本とするガバナンス）が、PPPの一形態としての譲渡においては、譲渡契約や協定等の締結を通じ、行政が一定のガバナンスを確保することになる。また、株式取得の場合には、株主としてのガバナンスも確保できることになるが、株主としてのガバナンスはあくまで利益の追求が基本となるため、公共性を担保するためのガバナンスを確保するという点では限界があることに留意が必要である。

3．最適な事業形態等の検証・選択

　これまでみてきたとおり、公共施設等の整備を含め公共サービスの提供を図るに当たっては、行政単独で行う従来型（公設公営、公有民営）に加え、多種多様なPPPの形態がある。

　したがって、これらの形態の中から、当該地域や事業の特性等を踏まえ、どの形態を採用するのが最適なのかについて検証し、的確な選択を

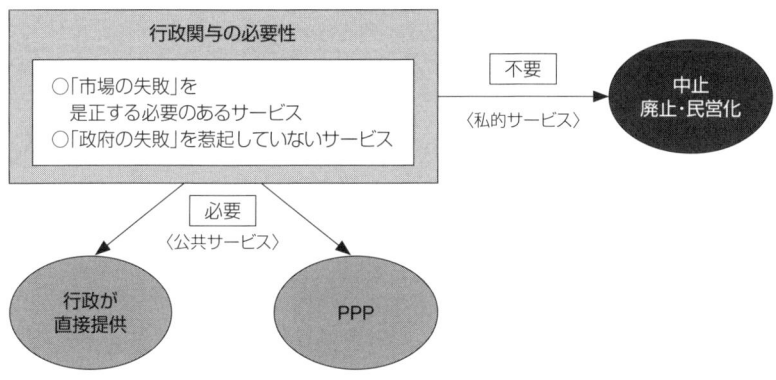

図4-18　行政関与の必要性の検討
(出所)佐野(2009b)をもとに筆者作成。図4-19〜20に同じ

行うことが求められる。

(1) 行政関与の必要性の検討

一方、こうした最適事業形態の検証・選択を行う前に、そもそも当該サービスは行政の関与の必要な「公共サービス」なのかについて検討することが必要である。その結果、行政関与の必要性が認められなければ、公共施設等の整備を伴う場合は中止を、公共施設等の整備を伴わない現在行政が提供中のサービスの場合は廃止・民営化（行政の関与なし）を図る必要がある（図4-18）。

この行政関与の必要性については、公共経済学等においてその論拠として示されている「市場の失敗」、「政府の失敗」の観点から、次のような検討を行うことが重要である。

①サービスの性格等からみて「市場の失敗」が生じる性格をもち、行政が関与することにより、これを是正する必要のあるサービスか
- 現実的に特定の者を対象外とすることができないサービスか（公共財・排除不可能性）
- ある者が当該サービスの提供を受けることで、その他の者に対するサービス提供が阻害されないか（公共財・消費の非競合性）
- 他の第三者、地域（国）全体に間接的な便益（損失）をもたらしているか（外部性〔外部経済・不経済〕）

- 将来の予測が困難で事業リスクが大きいため市場では提供されず、それによって経済社会的な問題が生じるサービスか（市場の不完全性・不確実性）
- 市場における複数の当事者が有する情報量に差があることで、良質なサービスが提供されず不利益を被る者が出るサービスか（市場の不完全性・情報の非対称性）
- その他
  - 住民生活をおくる上で緊急に対応しなければならないサービス（緊急性）
  - 行政が先導し市場を創造することが必要なサービス（先導性）
  - 自治体に独自の技術力・専門性があり、現実的に他の主体が代替することが困難なサービス（代替不能性）

  など、市場が未整備なために民間主体では提供されず、その結果、経済社会的に問題が生じるサービスか（市場の不完全性・その他）
- 当該サービスの提供者が1社若しくは数社に限定され、競争が阻害されているか（独占・寡占）
- 当該サービスの提供に当たり膨大な初期費用を要するか（自然独占）
- 個人・家庭に任せていては問題が解決できず、経済社会全体として望ましい結果を得ることのできないサービスか（価値財）

② **「政府の失敗」を惹起しておらず、必要がないにもかかわらず行政が関与していることはないと認められるか**
- 市民・企業等のニーズや情報を十分に入手・把握できない性格のサービスであるにもかかわらず、行政が当該サービスを提供していることはないか（情報の非対称性）
- 経済社会環境の変化、技術の高度化等に伴い、行政が関与する意義がなくなったにもかかわらず、行政が引き続き関与してサービスを提供していることはないか（主に、ソフト・バジェット、自己利益の最大化の抑制）

  これについては、例えば、
  - すでに当初の目的は達成されているのではないか（目的達成度）

・当該サービスに対する市民ニーズ、得られる便益が低下しているのではないか（ニーズとの乖離、政策効果の低減）
・同様の事業が、行政の関与なしに民間主体で提供されているのではないか（代替可能性）

等からその是非を検討することができよう。

(2) 最適事業形態の検証

このような検討を行った結果、当該サービスが、行政関与の必要な「公共サービス」であると認められた場合には、多様な形態のなかから、事業の特性、地域の事情、当該自治体における施政の方針等を踏まえ、最適な形態を検証し選択することになる（図4-19）。

こうした検証を行うに当たっては、主に以下の観点から総合的に判断する必要がある（図4-20）。

① Value for Money 等の最大化

まず、最も PPP 活用で期待される効果といえる、最少の税負担で最大の効果をあげる Value for Money（VFM）を最大化する事業形態は何かについて検証することが求められる。同時に、顧客である住民の公共ニーズに対し最も価値あるサービスを提供することも併せて重視する Best Value の最大化についても検証する必要があろう。

これらについては、主に、サービスの質の向上と財政負担の軽減の両面から評価することになる。

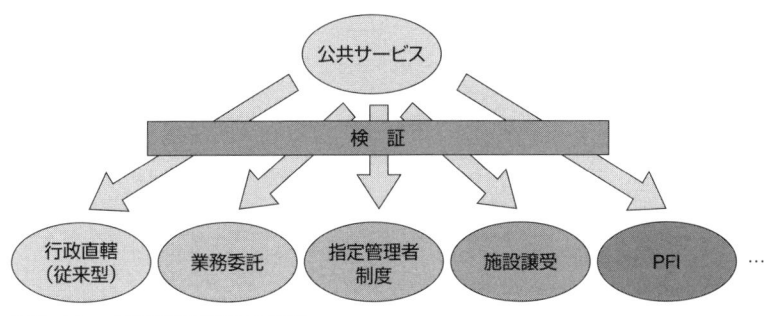

図4-19　最適事業形態の検証

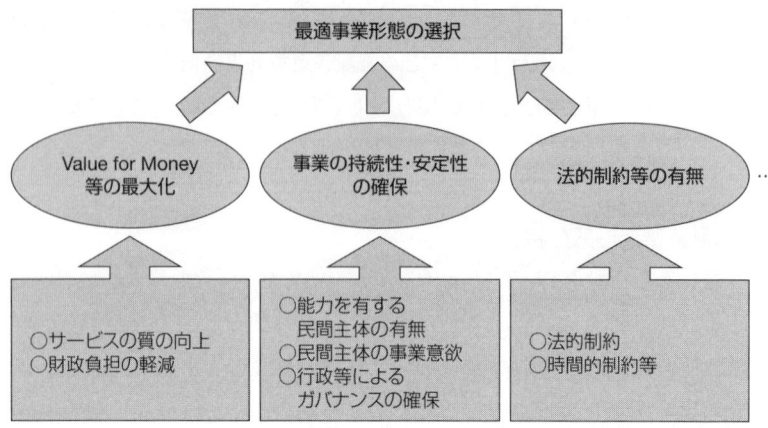

図4-20　最適事業形態検証の視点

○サービスの質の向上

民間主体のノウハウ、技術、アイディア、柔軟性等を活かし、ハード面あるいはソフト面（利用者満足度を含む）の質の向上等を見込めるか。

○財政負担の軽減

利用者の拡大や消費単価のアップ等による収入の増加、コストの軽減、今後必要となる維持投資等の圧縮、リスク負担の軽減など、事業全体の総コストを軽減できるか（定量評価）。

②事業の持続性・安定性の確保

次に、当該公共サービスについて、その性格や内容等を踏まえ、サービス水準を低下させることなく、持続的・安定的に提供できる事業形態は何かについて検証することも求められる。その際には、能力を有する民間主体の有無、民間主体の事業意欲、行政によるガバナンスの確保等の視点で検討することが必要である。

○能力を有する民間主体の有無

当該公共サービスを持続的・安定的に提供できる能力をもった民間主体があるか。

○民間主体の事業意欲

事業性の確保、民間主体によるノウハウや創意工夫等の発揮余地、官民の適切なリスク分担等の面からみて、民間主体が参入意欲や持続的・安定的に当該公共サービスを提供する意欲を有するか。

○行政等によるガバナンスの確保

当該公共サービスの性格や内容(業務範囲、期間等)に即したガバナンスを行政等の求めるレベルで確保することができるか。

③法的制約等の有無

また、当該公共サービスを提供するに当たり、法的あるいは時間的な制約等を解決できる事業形態は何かについて検証することも必要となる。

○法的制約

当該公共サービスを提供するに当たり、地方自治法や関連する事業法等による制約はないか[8]。

○時間的制約等

当該公共サービスを提供するに当たり、開業時期などの時間的制約等がある場合、それをクリアできるか。

(3) 多様なPPP/PFI手法導入の優先的検討にかかる国の要請

国においても、こうした最適な事業形態の検証が必要との認識にたち、「多様なPPP/PFI手法導入を優先的に検討するための指針」を決定(2015年)、行政が公共施設等の整備を行うに当たり、従来型方法に優先して多様なPPP/PFI手法の導入が適切かについて検討することを求めるに至っている。また、こうした多様なPPP/PFI手法導入の優先的検討を着実に進めるため、その仕組み化を図るべく、人口20万人以上の地方自治体に対し「優先的検討規程」を定めることを要請している。加えて、人口20万人未満の自治体に対しても策定を強く期待する姿勢を明らかにするなど、その導入を積極的に進めること求めている。

上記指針では、PPP/PFI手法導入の優先的検討について、以下のフローが示されている(図4-21)。

①対象事業となるかの検討

○民間主体の資金、経営能力、技術的能力を活用する効果が認められ

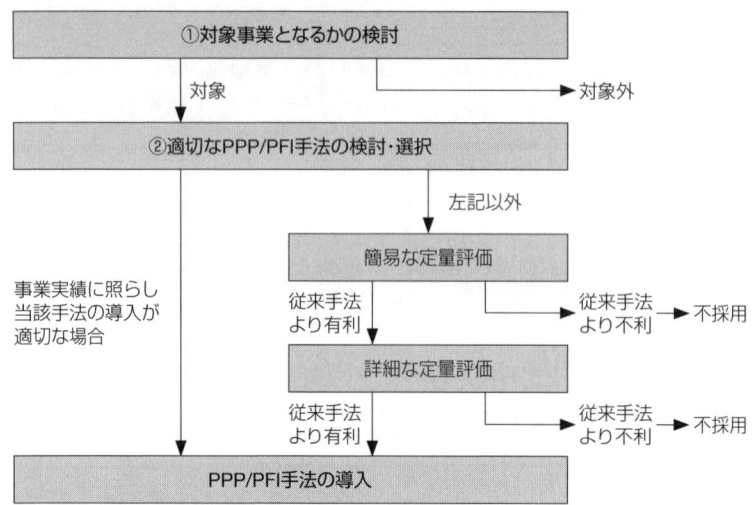

図4-21　PPP/PFIの優先的検討のフロー
(出所)内閣府民間資金等活用事業推進室(2016)をもとに筆者作成

　　る公共施設等整備事業であること（民間資金・能力活用基準）
　○事業費が例えば総額10億円以上（建設、製造または改修を含む公共施設等整備事業の場合）であること（事業費基準）
等から、検討の対象となるかについて判断する。

②適切なPPP/PFI手法の検討・選択

　検討の対象となった事業については、事業の期間、特性、規模等を踏まえ採用可能なPPP/PFI手法を絞り込むことになるが、過去の同種事例の活用実績に照らし、一定の効果があるなど当該手法の導入が適切と認められる場合には、当該手法を採用することができるとされている。

　それ以外の場合については、先ず、絞り込んだ手法について簡易に費用総額を算出しそれを比較する「簡易な検討」を行い、採用手法導入の適否を評価することになる。その結果、導入に適さないと評価された場合には、PPP/PFI手法を導入しないこととすることができる。

　一方、それ以外の場合には、専門的な外部コンサルタントの活用等を図りつつ「詳細な検討」を行い、従来型手法と費用総額の比較をすることを通じ採用手法の導入の適否を評価し、その結果を踏まえ適切な手法

を決定、導入を図っていくことになる。

　こうした国の求める多様なPPP/PFI手法導入の優先的検討においては、検討対象の事業は既にそれを実施することが前提になっている。このため、事前に、先に示した行政関与の必要性の検討を行っておくことが必要となろう[9]。

　また、「適切なPPP/PFI手法の選択」では、「簡易な検討」、「詳細な検討」ともに、費用総額の比較、すなわち財政負担の軽減のみが評価の基準となっている。一方、前述したとおり、最適事業形態を検証するに当たっては、このほかにも、サービスの質の向上（財政負担の軽減とともにValue for Money等の最大化を構成）、事業の持続性・安定性の確保、法的制約等の有無といった視点が必要であり、これらを含めて総合的に検証した上で選択していくことが求められる。

Ⅲ．公有資産活用型PPPの事業形態

1．遊休公有資産の活用方向

　行政の所有する未利用・低稼働の遊休化している公有資産等（今後遊休化する見込みのものを含む）においては、活用方法が決まるまで「維持」していくようなケースを除き、以下の方向で対応することが考えられる（図4-22）。

(1) 単なる売却・貸付

　遊休化している公有資産等で展開する必要のある公共的機能が特にない場合には、価格を最重視し、基本的に一般競争入札により最も高い価格を提示した主体に売却・貸付を行うことになる。この場合、行政は、公序良俗に反しない等の基本原則を除き、相手先に対し特に条件を付すことはしない。

(2) 行政による活用

　遊休化している公有資産等で展開する必要のある公共的機能がある場合には、まず、行政自らが他の機能へと転用を図ることが考えられる。この場合、土地・建物の転用を図るために必要な施設等の建設・改修や

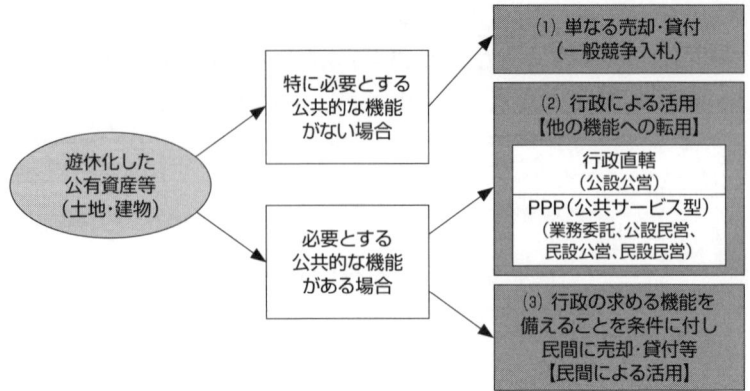

図4-22　遊休化した公有資産等の活用
(出所)佐野(2009a)をもとに筆者作成。図4-23〜24に同じ

　転用後の管理運営については、従来型の行政直轄（公設公営）で行うケースに加え、公共サービス型PPP（公共施設等の整備を伴う場合）で示した多様なPPP形態（業務委託〔公設公営〕、公設民営、民設公営、民設民営における各形態）が活用可能であり、最適な形態について検証・選択することが求められる。

(3) 行政の求める機能を備えることを条件に付し民間主体に売却・貸付等

　同様に遊休化している公有資産等で展開する必要のある公共的機能がある場合には、当該機能を備えることを条件に付して民間主体に売却・貸付等を行い、行政が関与しつつ民間主体の手で活用を図る方法も考えられる。

2．公有資産活用型PPPとその事業形態

　このような遊休公有資産の活用方向のうち、行政が一定の関与をし民間主体と連携して公有資産の活用を図るのは、

(2) 行政による活用（転用）を図る場合においてPPPを活用するケース

(3) 行政の求める機能を備えることを条件に付して民間主体に売却・貸付等を行い民間主体の手で活用するケース

の二つである。

このうち(2)は、行政が当該資産を転用し公共施設等として整備・管理運営を図っていくもので、公共サービス型PPPそのものである。したがって、公有資産活用型PPPと位置づけられるのは、(3)の場合となる。

この公有資産活用型PPPの主な事業形態には、行政関与型の売却、貸付等がある[10]。

(1) 行政関与型の売却

行政関与型の売却は、行政が必要とする公共的な機能を備えることを条件に、一定の対価を得て公有資産を民間主体に譲渡する形態である。

土地の売却の場合、民間主体は、購入した土地の上に、行政の付した条件を踏まえた施設等を自らのリスクで建設し管理運営等を図っていくことになる（図4-23）。また、土地と建物双方の売却の場合には、行政の付した条件に即し、民間主体が当該建物の改修等を行った上で管理運営等を図る場合と当該建物を取り壊した後に新たな施設等を建設し管理運営等を行っていく場合が考えられる（いずれの場合にも民間主体が当該事業にかかるリスク全般を負担）。

これにより行政は、売却代金を得られるという財政的なメリットを確保することができる。

行政は、売却先を公募する際の条件設定と売買契約等によりガバナンスを確保することになるが、所有権が民間主体に移転するため、そこには一定の限界があることに留意する必要がある。

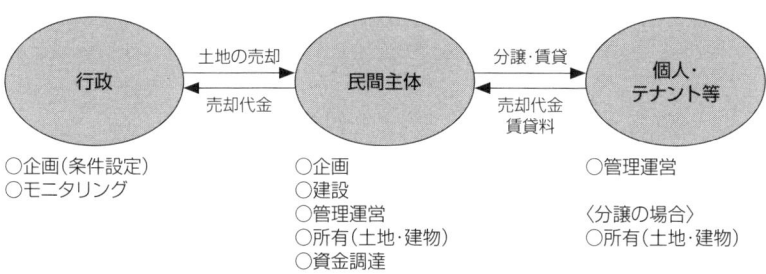

図4-23　行政関与型の売却(土地)

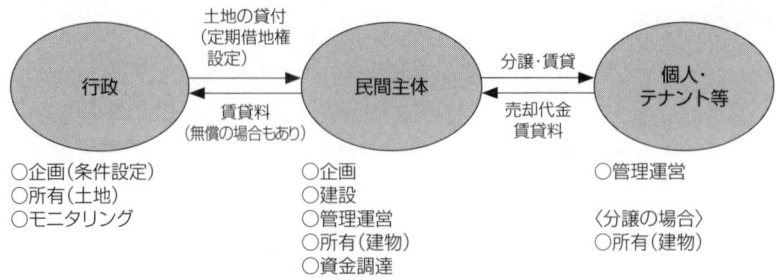

図4-24　行政関与型の貸付（土地）

(2) 行政関与型の貸付

　行政関与型の貸付は、行政が必要とする公共的な機能を備えることを条件に、民間主体に公有資産の貸付を図る形態である。これには、有償の場合（賃貸借）と無償の場合（使用貸借）がある。

　土地の貸付の場合、最近では、従来の借地権（普通借地権）ではなく、定められた契約期間で借地関係が終了し原則としてその後の更新はなされない定期借地権を活用するケースが多い。民間主体は、貸付を受けた土地の上に、行政の付した条件を踏まえた施設等を自らのリスクで建設し管理運営等を図っていくことになる（図4-24）。また、建物の貸付の場合には、土地同様、最近では主に定期借家権を設定し、行政の付した条件に即し、民間主体が当該建物の改修等を行った上で、自らのリスクで管理運営等を図ることになる。

　行政は、賃貸借の場合には賃貸料という財政的なメリットを得ることができる。また、公有資産の所有者として、貸借契約等によりガバナンスを確保することが可能となる。

(3) その他

　公有資産活用型PPPにおいては、行政関与型の売却や貸付のほか、信託（公有地信託）という形態も考えられる。

　公有地信託は、土地の所有者である行政（委託者）が、当該公有地を信託銀行等（受託者）に一定の条件を付して信託し有効活用を図ってもらう形態である。信託銀行等は、信託契約に即し、行政にかわって有効活用を図るための企画立案、施設の建設、管理運営、資金調達を行い、

そこから生まれた利益を信託配当として行政に分配することになる。

　行政としては、賃貸型[11]の公有地信託の場合、所有権を留保しつつ、信託銀行等のノウハウを活かし土地の有効活用を図ることができるほか、当該事業から生まれた利益を信託配当として得られるという財政的なメリットもある。一方、この信託配当は保証されているものではないことに加え、最終的な事業リスクは行政が負担することとされており、当該事業が不調に終わった場合の損失や債務は行政が負わなければならない性格をもつ。実際に公有地信託を活用した結果、行政が多額の損失や債務を負担しなければならなくなった事例もあらわれており、こうしたリスク分担を十分に認識した上で活用の是非について検討することが求められる。

3．最適な事業形態等の検証・選択

　このように、遊休化した公有資産等の活用を図る場合にもいくつかの形態があり、これらのなかから、当該地域や事業の特性等を踏まえ、最適な形態を選択することが必要である。

　この場合にも、まず、公共サービス型PPP同様に、当該資産等の活用に行政の関与が必要なのか（行政関与の必要性）、すなわち、先に述べた当該公有資産等で展開する必要のある公共的機能があるかについて検討することが必要である。

　行政関与が不要な場合には、一般競争入札等で売却・貸付を図ることになる一方、必要な場合（当該公有資産等で展開する必要のある公共的機能がある場合）には、公共サービス型で示した考え方（Value for Money等の最大化、事業の持続性・安定性の確保、法的制約等の有無）を踏まえ、最適な事業形態を選択することが求められる。

注
1) 本章は、佐野（2004a）、佐野（2004b）、佐野（2009a）、佐野（2009b）で整理しているPPPの類型・事業形態等について、近年の動きを踏まえ加筆修正して再整理したものである。
2) 行政が建設していない施設でも公の施設となり得るが、ここでは公設民営の形態の一つとして記載している。
3) 都市公園法の改正（2017年）により設けられ

た Park-PFI（公募設置管理制度）は、この定義からみて本来の PFI には該当しない。
4) このほかに、RTO、ROT、ROO、RO などの形態もある。なお、この「R」は Rehabilitate の頭文字であり、施設の改修など維持投資のことを指す。
5) 行政が所有していない施設でも公の施設となり得るが、ここでは公有民営の形態の一つとして記載している。
6) 行政がサービス購入料を支払うジョイント・ベンチャー型も可能とされている。
7) 当該形態の活用により、行政は借り戻した後に中長期にわたり賃借料を支払うことになる一方、施設等を民間主体に一旦売却することで一時的な売却収入を確保することが可能になる。これはヤミ起債に該当する場合もあり、十分留意することが必要である。
8) 法的制約があっても、「特区」等を活用することで、その制約を解消することも可能である。
9) 行政関与の必要性の検討は、「対象事業となるかの検討」段階で行うことも可能である。
10) 行政関与型の売却・貸付を行う場合、売却・貸付を受けた民間主体が事業を行うに当たって、流動化・証券化スキームを活用して資金調達を行うケースがある。
11) 土地信託には、賃貸型と処分型がある。賃貸型は、信託した土地の上に信託銀行等が建物を建設し当該施設の賃貸事業を行うタイプである。一方、処分型は、信託した土地の上に信託銀行等が建物を建設し当該土地・建物を合わせて売却するタイプである。公有地信託の場合には賃貸型を活用したケースが多い。

参考文献
第6章末参照

第5章
近年重視されている PPP

　本章では、近年、国においても重視され、その活用が進みつつある PPP 手法として、包括化 PPP、PFI ＋付帯事業、民間施設等の収益を活用した公共施設等の整備を採り上げるとともに、PPP を円滑に進めるためのツールとして注目されているサウンディング調査についても紹介することにしたい。このほか、重視・注目されている手法やツール等として、コンセッション（公共施設等運営権）や最適 PPP 形態等の検証・選択（多様な PPP/PFI 手法導入の優先的検討）があるが、これらについては第4章を参照されたい。

I．包括化 PPP[1)]

1．包括化 PPP の意義

　包括化 PPP とは、行政の担う複数の業務／事業をバンドリングし一定の規模等を確保した上で、行政が関与しつつこれらを包括的に民間主体に委ねる手法である。

　単一の業務あるいは事業において PPP を活用する場合に比し、主に以下で示すとおり、民間主体の技術・ノウハウ・創意工夫等の活用が容易になり、その結果、民間主体の利益の確保（収入増やコスト減を通じた当該業務／事業による利益〔リターン〕の増加）、行政の利益の確保（財政負担の軽減やサービスの質の向上による VFM の向上）が実現することにつながる。

　○民間主体にとって、多くの業務／事業を担うことで事業規模が拡大

し、一定の収入が確保しやすくなるとともに、相対的に固定費負担が軽くなることで、利益を確保する確度が高まること。
○複数の業務/事業間において、民間主体の技術・ノウハウ、人材、設備等を共用することが可能となり、これら資源の有効活用を図り得ること。
○こうした資源の共用化や上記収入の確保等により、新たに専門性のある人材や設備等を投入することが容易になること。
○複数の業務/事業間における相互作用が働くことで相乗効果を生むこと。

2．包括化PPPの分類

包括化PPPは、
○包括化を行う単位（業務単位、事業単位）
○包括化を図るに当たっての視点・考え方（同種性、多様性〔複合性〕）
という両者の組み合わせにより分類することができる（図5-1）。

それぞれの概要は以下のとおりである（図5-2、表5-1）。

(1) 業務単位による包括化

業務単位による包括化は、「事業」の構成要素である「業務」単位で、何らかの共通性をベースに包括化を図るものである。包括化を図る業務の共通性により、

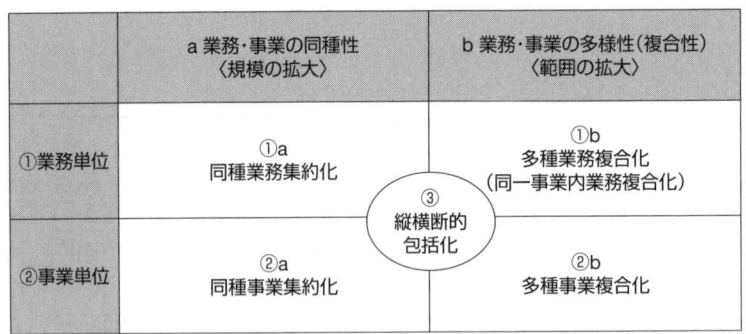

図5-1　包括化PPPの分類
(出所)佐野(2011)をもとに筆者作成。図5-2、表5-1に同じ

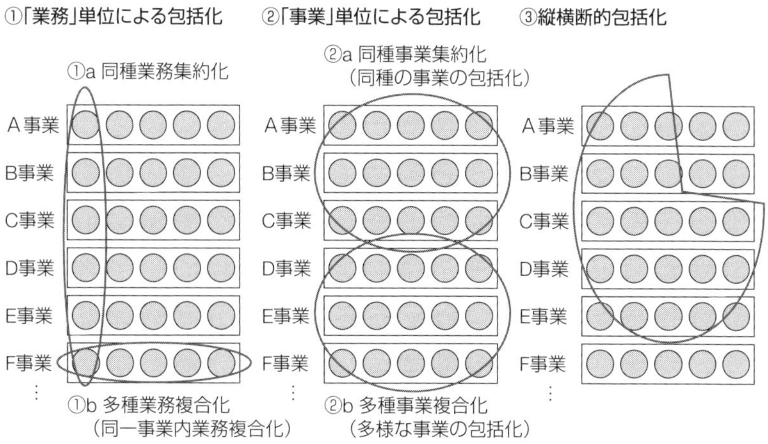

①「業務」単位による包括化　②「事業」単位による包括化　③縦横断的包括化

図5-2　包括化PPPのイメージ

表5-1　包括化PPPの概要

	分類	概要	代表的な活用例
業務単位	①a　同種業務集約化	同種・同類である複数の業務を集約化し、民間主体に委ねるもの。	○自治体が管理する公共施設等の保守点検業務の包括委託 ○全公用車の管理・運行業務の包括委託 ○公共料金等の未収金収納業務の包括委託
業務単位	①b　多種業務複合化（同一事業内業務複合化）	一事業を構成する複数の業務を複合化し、民間主体に委ねるもの。	○上水道事業の包括委託（監視業務、巡視点検業務、漏水管理業務、機器・計器点検業務、水質管理業務、検針業務、料金徴収業務、会計処理業務など） ○PFI事業（設計業務、建設業務、維持管理業務、運営業務など）
事業単位	②a　同種事業集約化	同種・同類である複数の事業を集約化し、民間主体に委ねるもの。	○複数の市立小中学校における耐震化PFI事業 ○複数の市立小学校における空調機器設置等PFI事業
事業単位	②b　多種事業複合化	事業特性、立地条件、市民の利便性等の観点からみて共通性・関連性のある複数の事業を複合化し、民間主体に委ねるもの。	○学校施設、給食センター、市民会館、保育所、ケアハウス等を同一の場所で複合化し、その建設・管理運営等を包括的に担うPFI事業
	③縦横断的包括化	集約化・複合化可能な多数かつ多様な業務／事業を包括的に民間主体に委ねるもの。	○公用車の管理業務、公園・市民会館等の維持管理業務、学校給食の調理業務、学校用務・事務補助業務、窓口における受付・案内業務、電話交換業務、秘書業務など自治体における多種多様な業務の包括委託 ○警察・消防・緊急通報サービスという一部業務を除く市役所業務全般の包括委託（米国サンディ・スプリングス市）

- 業務の同種性に着目し、同種・同類の複数の「業務」を「事業」横断的に集約化して民間主体に委ねる**同種業務集約化**
- 業務の同種性とは異なる共通点をもとに多様性のある複合的な包括化を図るべく、複数の「業務」を「事業」という視点で集約化・複合化して民間主体に委ねる**多種業務複合化**（同一事業内業務複合化）

に区分できる。

(2) 事業単位による包括化

事業単位による包括化は、「業務」の集合体である「事業」単位により、何らかの共通性をもとに包括化を図るものである。業務単位による包括化同様に、包括化する事業の共通性により、

- 事業の同種性に着目し、同種・同類である複数の「事業」を集約化して民間主体に委ねる**同種事業集約化**
- 事業特性、立地条件、市民の利便性等を踏まえ、共通性・関連性のある複数の事業を複合化することで、多機能化を図りつつ民間主体に委ねる**多種事業複合化**

に区分される。

(3) 縦横断的包括化

縦横断的包括化は、PPPを活用するに当たり、何らかの共通性のもと、業務単位、事業単位という観点にたって包括化するのではなく、集約化や複合化が可能な多数かつ多様な業務/事業をまとめて民間主体に委ねるものである。

　包括化PPPを採用するに当たっては、実現可能性を見据えつつ、Value for Money等を最大化する形態や包括化する範囲等について検討することが必要である。一方、行政自らが包括化する場合、担当部署間における意見の調整がつかない等の理由から最適なグルーピングができない可能性もある。こうした場合には、包括化する業務・事業について、担い手となる民間主体から提案を受ける「民間提案制度」の採用について検討することも有効である。

Ⅱ．PFI＋付帯事業

　行政がPFI事業を実施するに当たり、そこで生じる余剰地・余剰施設を、PFI事業を担うコンソーシアムが設立する主体等[2]に条件を付して貸し付け、そこで当該民間主体に収益を生む付帯事業を行ってもらう手法である。民間主体は、行政の付した条件を踏まえ、賃借した土地・建物で実施する事業を提案し、自らの責任・リスクで当該施設等の建設・管理運営等を図っていくことになる（図5-3）。

　当該事業を実施することにより、行政サイドにとっては、土地・建物の賃貸料を得られるという財政的なメリットを確保できることに加え、余剰地・余剰施設（未利用地・施設）の有効活用が図られること、PFI事業で整備する本体施設との相乗効果が生まれ政策目的の実現が拡大すること等の利点がある。

　一方、民間主体にとっても、PFI事業だけでは大きな利益を生まない

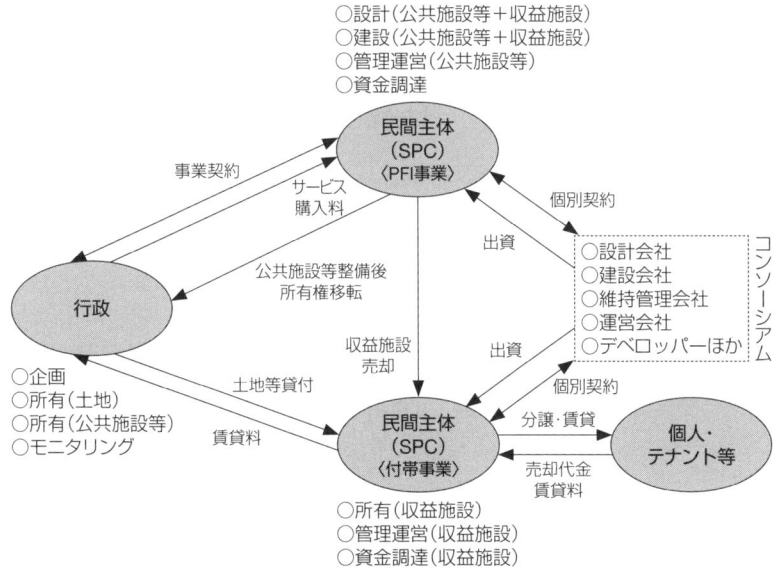

図5-3　PFI＋付帯事業（PFI：サービス購入型のBTOの場合）
（注）付帯事業を担う民間主体はSPCでない場合もある
（出所）佐野（2009a）

場合に、当該付帯事業により収益機会を拡大することができ、このPFI事業に参入するインセンティブが高まる等のメリットがある。

Ⅲ．民間施設等の収益を活用した公共施設等の整備

　行政が公共施設等を整備するに当たり、行政の所有する土地に民間主体が当該施設等を建設、それを行政が取得し管理運営を担う施設譲受（民設公営）形態を採る一方、隣接地等の余剰地を同じ民間主体に条件を付して貸し付け、そこで民間主体に収益を生む事業を行ってもらう手法である（図5-4）。民間主体は、賃借した土地の上に、行政の付した条件を踏まえた事業を提案し、自らの責任・リスクで施設等の建設・管理運営等を図ることになる。すなわち、公共サービス型PPPにおける施設譲受（民設公営）と公有資産活用型PPPにおける土地の行政関与型貸付を併用した形態と位置づけることができる。

　その際、行政が民間主体から受け取る土地の賃貸料（契約期間分の一括支払い等）や権利金等が公共施設等の取得費と同額であれば、行政は資金を一切持ち出すことなく公共施設等の整備を図ることが可能となる。土地の賃貸料等が公共施設等の取得費を超えればさらなる収益を得られる一方、仮に公共施設等の取得費に届かなくとも相当に低い価額で公共施設等の整備を実現できることになる。

　これは、行政の所有する余剰地で民間主体に事業を展開してもらい、

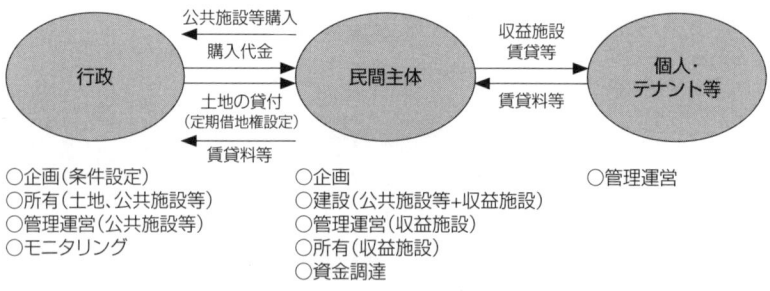

図5-4　民間施設等の収益を活用した公共施設等の整備

そこで得た事業収益を土地の賃貸料等という形で還元させるプロフィット・シェアリング[3]の一つということができ、財政負担を極小化して公共施設等の整備を図ることができる手法として注目されている。

Ⅳ. サウンディング調査

1．サウンディング調査の意義

PPPを活用する際に留意しなければならないこととして、行政と民間主体間の情報の非対称性が指摘されている。行政と民間主体とでは、それぞれのもつ情報やニーズ等に大きな差があるため、民間主体サイドにおいて行政の意図等を十分に理解できないケースが生まれる。また、行政サイドにおいても、マーケットや事業性にかかる知識や情報が不足し、民間主体の当該事業にかかるニーズや考え方等を的確に理解できないことが多く、その中で民間主体に対する条件設定（企画）をすると、民間主体にとって全く参入のインセンティブが働かない公募をしてしまう恐れがある[4]。こうした官民間の情報の非対称性を解消する上で、官民対話が重要な役割を果たすことになる。

サウンディング調査は官民対話の一形態であり、行政が検討中の構想・

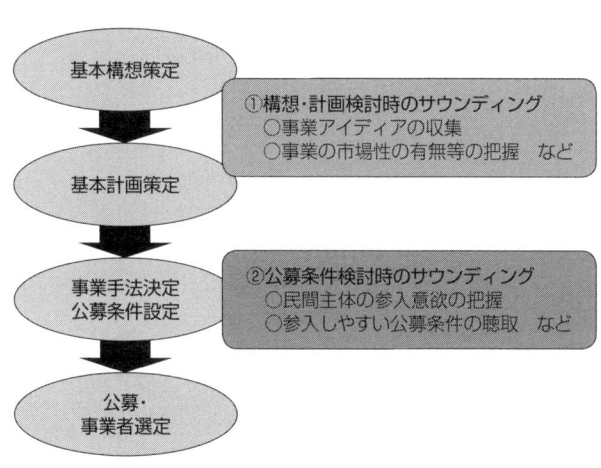

図5-5　サウンディング調査のタイミング

計画等の概要や対話項目等を事前に提示した上で、当該構想・計画等に対する民間主体の考え方等を個別に聴取する仕組みである。サウンディング調査には、図5-5のとおり、主に2つのタイミングがあり、
　①行政が事業の基本構想や基本計画を策定する際に、事業のアイディアを収集する、あるいは検討中の構想・計画の市場性の有無などについて聴取する**構想・計画検討時のサウンディング**
　②事業の基本計画が策定され、それに沿って事業手法や事業者の公募条件を決めるに当たり、当該条件等のもとでの民間主体の参入意欲を把握する、あるいは参入のインセンティブの働く公募条件等について聴取する**公募条件検討時のサウンディング**
がある。

2．サウンディング調査のフロー

　サウンディング調査を行う流れは、以下のとおりである（図5-6）。
　①まず、検討中の構想や計画の概要や公募条件等に加え、対話をしたいと考えている項目を公表する。
　②併せて対話をする相手を公募する。対話者を公募することで、特定の民間主体と個別に直接対話することについて、公平性や透明性が担保されることになる。
　③自治体職員が個別の民間主体から、事前に提示した対話項目について直接ヒアリングを行う。これにより、コンサル等を介さない民間主体の生の声を聴取することができる（これまでは無償のケースが大半）。
　④対話した結果について、対話者の了解を得た範囲で公表する。

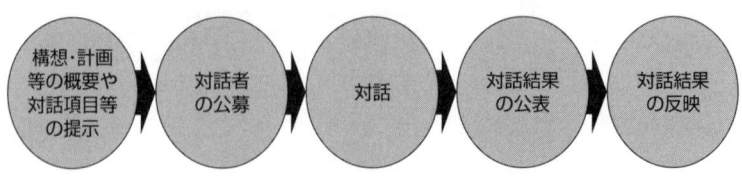

図5-6　サウンディング調査のフロー

⑤対話した結果を、基本構想・計画や公募条件等に適切に反映する。実際に対話した結果が事業に反映されなければ、民間主体が対話に参加した意義が大きく損なわれることになる点に留意する必要がある。

3．サウンディング調査のメリット等[5]

サウンディング調査を行う行政サイドのメリットとしては、
- 事前に、対話しなければわからない民間主体からみた構想・計画の妥当性、民間主体の参入意欲、希望する参入条件等について、これまでは無償で確認できること
- 対話することで、行政が想定してもいなかったアイディアを得られることに加え、想定していなかった民間主体の参加も促進できること
- 事前に対話し、その結果を踏まえた構想・計画や公募条件とすることにより、本公募時に応募者がいないという事態を回避できるとともに、本公募において優れた提案を得ることも期待できること

等がある。

一方、民間主体としても、
- 公募前に行政サイドの考え方や方針等を直に聴取し確認することができること
- 公募前に自らの考え方や要望を行政に伝達でき、対話の結果が構想・計画や公募条件等に反映される可能性も高いこと
- 対話から本公募までに一定の時間があることから、相対的に提案するための検討期間を確保できること

等のメリットがある。

一方、これらのメリットと民間主体が無償で行政に情報提供等を行うことで生じるデメリットについては今後検証が必要であり、それを踏まえてサウンディング調査のあり方についても改めて検討することが求められよう。

注

1) 包括化 PPP の詳細については、佐野（2011、2012a～c）を参照されたい。
2) 付帯事業を担う事業主体は、PFI 事業そのものに付帯事業が悪影響を与えないよう倒産隔離を図るため、PFI 事業者と同じコンソーシアムに属しながらも別の主体が担うのが一般的である。
3) PPP におけるプロフィット・シェアリングとは、当該事業で得た収益を行政と民間主体間で分け合うことであり、民間主体が事前に定めた基準を上回る収益を確保した際にその一定割合を行政に支払う場合に用いられることが多い。一般に、コンセッションや指定管理者制度（利用料金型等）で活用されており、本書で紹介している大坂城公園パークマネジメント事業もこれに該当する（指定管理者制度＋公有資産活用型 PPP 事業）。
4) 根本（2011）は、これを「官の決定権問題」と称している。
5) 原（2018）参照。

参考文献

第 6 章末参照

第6章

まちづくりにおける PPP

Ⅰ．まちづくりにおける PPP の活用方向

　中心市街地の活性化などまちづくり[1]を行政だけあるいは民間主体だけで進めるには限界があり、両者が何らかの形で連携する PPP の活用が重要な役割を果たすことが多い。
　その場合、
　○まちづくりの核となるような公共施設等の整備や公共サービスの提供を行政と民間主体が連携して行う（公共サービス型）
　○行政がそのエリアで所有する土地・建物等（公有資産）を、一定の条件を付して民間主体に売却・貸付等を行い、民間主体がまちづくりに寄与する当該条件に即した活用を図る（公有資産活用型）
　○行政による規制もしくは規制緩和、税の減免、補助金等の支出、制度融資の実行等の優遇策と連動して民間主体がまちづくりを進める、あるいは行政と民間主体が連携協定を締結し分担しながら協働でまちづくりを進める（連動・協働型）
など、PPP の3類型いずれについても活用することが可能である。
　また、一つの類型に限定して活用するのではなく、これらを組み合わせることで、よりよいまちづくりにつながる可能性も高い。
　このようなまちづくりにおける PPP の活用を図るに当たり、各類型を活用するための基本的な考え方について整理してみたい。主な活用方向としては、図6-1のとおり、
　①当該エリア内において、まちづくりに寄与する公共施設等の整備（建

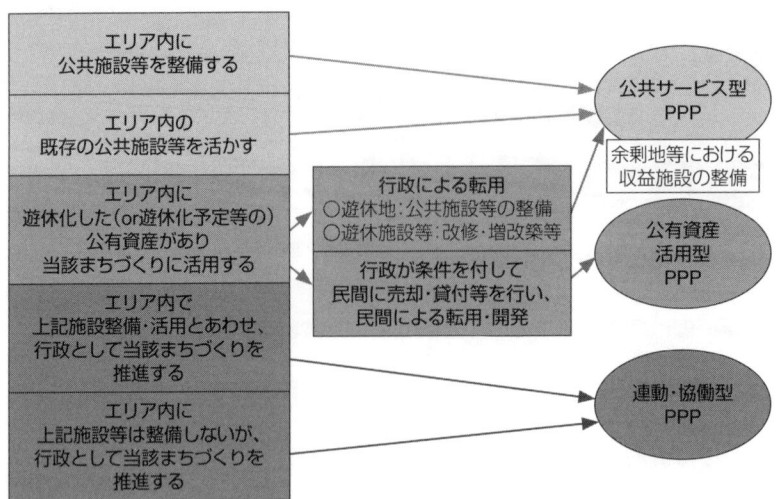

図6-1　まちづくりにおけるPPPの活用方向

替、改修、増改築等を含む)を図る場合：公共サービス型（公共施設等の整備を伴う場合）

②すでに当該エリア内に存する公共施設等を改めてまちづくりに活かす場合：公共サービス型（公共施設等の整備を伴わない場合）

③当該エリア内に遊休化した公有資産等（今後遊休化する予定の公有資産等を含む）があり、それを行政がまちづくりにつなげる形で転用する場合：公共サービス型（公共施設等の整備を伴う場合）

  [・遊休化した公有地：その上に別の用途の公共施設等を整備
  ・遊休化した公有施設：別の用途に改修・増改築等(リノベーション)]

④当該エリア内に遊休化した公有資産等（今後遊休化する予定の公有資産等を含む）があり、それを行政が当該まちづくりを推進するために必要な条件を付して民間主体に活用してもらう場合（民間主体により転用・開発してもらう場合）：公有資産活用型

⑤当該エリア内において上記①〜④の施設整備・活用等とあわせ、行政が関与しつつまちづくりを進める場合：連動・協働型

⑥当該エリア内において①〜④のような施設整備・活用等は行わない
ものの、行政が関与しつつまちづくりを進める場合：連動・協働型
となり、それぞれの類型の中で最適な事業形態を採用することが求められる。

　また、①〜③のように公共サービス型PPPにより公共施設等の整備・活用を図る場合には、行政の所有する余剰地等でまちづくりに寄与する収益施設の整備をあわせて民間主体に実施してもらい、そこで得た収益を賃貸料等として行政に還元してもらうことについても検討する必要がある。これにより、行政にとっては本体公共施設等整備にかかる財政負担の軽減、民間主体にとっては収益機会の拡大、そしてまちにとっても相乗効果によるまちの価値の向上といったメリットが得られることになる。

Ⅱ．これまでのまちづくりの特徴と問題点

　PPPを活用したまちづくりについて検討する前に、市街地再開発事業を中心とするこれまでのまちづくりの特徴、特に問題が生じた要因について振り返ってみたい。

1．ハード整備優先の指向
　これまでのまちづくりにおいては、その核となる施設を新たなに整備することが優先され、当該地域においては過大かつ豪華な施設の建設が行われることが多い。これは、
- こうした施設を整備すればまちが活性化するという誤解
- このような誤解に基づく、地域からの現実を直視していない強い要望
- 補助金への依存（補助金により必要資金が減少することによる安易な投資、補助金確保の要件となっている機能の付与や高スペック仕様）

などによるところが大きいとみられる[2]。

2．事業性の不足

上記のとおりハード整備が優先され、整備後の事業運営に対する意識が弱いことから、運営面において、主に以下のような事業性確保に問題を抱える例が多くあらわれている[2]。

- 過大な施設が整備され、市場性を超えた床の供給がなされた結果、床が埋まらず、必要な売上高を確保できないこと。
- 補助金を得たとはいえ、過大投資であるため債務も多く、資本費（減価償却費、支払利息）負担が嵩むこと。
- 高スペック仕様であることに伴い、管理運営に要するコストも上昇すること。
- 運営に際しても補助金に依存しているケースでは、補助金を得られる期間を超えると、たちまち運営が行き詰まること。

3．まちとしてのマネジメントの不足

核として位置づけられたハードの整備にばかり目がいき、エリア内にある他の施設・機能との連携、公共施設等整備との連動が不足するなど、まち全体としてのマネジメントに問題を抱えるケースも多い。これは、行政やTMO等のマネジメント組織において、まちをマネジメントするという意識や能力等が不足していることに起因するところが大きいと推される。

Ⅲ．PPPを活用したまちづくりを推進するための留意点

こうした問題点を踏まえれば、今後PPPを活用したまちづくりを推進していくに当たっては、以下の視点が重要となろう。

1．まち全体のコンセプト設定とそれを踏まえたマネジメント

まず、どのようなまちを目ざすのかというコンセプトを設定し、そのコンセプトを実現するために必要な機能を明らかにすることが肝要である。その上で、既存施設の位置づけと新たに必要とする施設の位置づけ・

役割等の明確化を図り、これら施設等の連動を図ること、すなわちまちを適切にマネジメントすることが求められる。また、コンセプト等を共有しつつ、行政、民間主体、地域住民等が密接に連携した取り組みを行っていくことも重要である。

PPPの活用についても、こうしたコンセプトや取り組みを推進するために最も効率的で効果的な類型（類型の組合せを含む）は何かという観点にたって、検討・選択していくことが必要となろう。

2．持続的なまちづくりの重視

次に、まちづくりにおいては事業の持続性を重視することが求められる。これまでのように、運営面に対する認識が薄くハード整備を優先したため事業性の不足する事業、こうしたことをもたらす過度に補助金に依存する事業では、持続性を確保することは困難である。

こうした事態を回避するためには、
- 需要に見合った施設規模・構成とすること
- 必要最小限のスペックとすること
- これらを実現するためにも、補助金を事業実施の前提としないこと
- 新たな施設整備にこだわらず、既存施設のリノベーションを重視すること

等により、事前段階から確実に事業性の確保を図られるよう組み立てることが不可欠となる。

そのためには、極力、事業性の確保が前提となる民間主体が主導し責任をもって事業を進め、その取り組みを行政が後押しするという考え方を基本とすることが必要であり、それをPPPの活用等を通じて実現していくことが求められる。

3．まちの相乗効果の向上とトリプル・ウィンの実現

上記のとおり事業性の確保に努めること等を通じ、民間主体の利益が増え、行政も利益を上げた民間主体から税金や賃貸料等を通じ歳入増を図るという、「稼ぐ循環」をつくることが必要である。

その際、
- まち全体として、コンセプトに沿って既存施設等と連動した取り組みを進めること
- 公共施設等も集客施設としてとらえ、その集客を他のまちの施設等に波及させること
- 行政がPPPを活用して公共施設等の整備・活用を図る際、その余剰地等で関連する収益施設の整備を推進すること

等を通じ、まち全体として相乗効果を高め、利益を確保しやすい環境をつくることも重要である。

こうした取り組みを行うことで、まちとしての価値を向上させ、民間主体と行政のみならず、地域住民も利益を得ることのできる「トリプル・ウィン」を実現していく姿勢が求められよう。

注

1) まちづくりの定義は必ずしも定かではないが、本章では、中心市街地の活性化など一定エリアの活性化に向けた取り組みとしてとらえることとする。
2) 木下・村瀬・奥田（2014）、矢ヶ崎（2015）参照。

参考文献

オリバー・W・ポーター（2009）『自治体を民間が運営する都市 米国サンディ・スプリングス市の衝撃』時事通信社

木下斉・村瀬正尊・奥田裕志（2014）「再開発事業等の施設開発の構造的課題と求められる転換」『Urban Study』58号、民間都市開発推進機構

佐野修久（2004a）「新たな社会資本整備等におけるPPP」（日本政策投資銀行地域企画チーム編著『PPPではじめる実践 '地域再生'』）ぎょうせい

佐野修久（2004b）「提供中の公共サービスにおけるPPP」（日本政策投資銀行地域企画チーム編著『PPPではじめる実践 '地域再生'』）ぎょうせい

佐野修久編著（2009a）『公有資産改革』ぎょうせい

佐野修久編著（2009b）『公共サービス改革』ぎょうせい

佐野修久（2011）「地方自治体における包括化PPP―包括化PPPの意義と震災復興への活用」『NETT』No.74、北海道東北地域経済総合研究所

佐野修久（2012a）「地方自治体における包括化PPP―業務単位による包括化PPP」『NETT』No.75、北海道東北地域経済総合研究所

佐野修久（2012b）「地方自治体における包括化PPP―事業単位による包括化PPP」『NETT』No.76、北海道東北地域経済総合研究所

佐野修久（2012c）「地方自治体における包括化PPP―縦横断的な包括化PPP」『NETT』No.77、北海道東北地域経済総合研究所

佐野修久（2016）「PREのマネジメントとまちづくり」『新都市』第70巻第5号、計画都市協会

総務省地域力創造グループ地域振興室（2014）『地方公共団体における公共施設等運営権制度導入手続調査研究報告書』

東洋大学大学院経済学研究科編著（2008）『公民連携白書2008〜2009 地域を経営する時代』時事通信社

内閣府民間資金等活用事業推進室（2016）『PPP/PFI手法導入優先的検討規程策定の手引』

日本政策投資銀行地域企画チーム編著（2004）『PPPではじめる実践 '地域再生'』ぎょうせい

日本政策投資銀行地域企画チーム編著（2007）『PPPの進歩形　市民資金が地域を築く』ぎょうせい
根本祐二（2006）『地域再生に金融を活かす』学芸出版社
根本祐二（2011）「PPP研究の枠組みについての考察(2)」『東洋大学PPP研究センター紀要』第2号、東洋大学PPP研究センター
原征史（2018）「PPPにおける情報の非対称性に関する一考察」『東洋大学PPP研究センター紀要』第8号、東洋大学PPP研究センター
矢ヶ部慎一（2015）「市街地再開発事業の公的支援策に関する課題と今後の方向性」『東洋大学PPP研究センター紀要』第5号、東洋大学PPP研究センター

第3部

大阪市における
まちづくりイノベーション

第7章

大阪市の公民連携の系譜

Ⅰ．公民連携のまちづくり DNA

　大阪市は、その都市の歴史において公に代わって市民や商人、企業がまちづくりを先導してきており、それらは大阪に宿る DNA であるといえよう。

　大阪は豊臣時代の巨大な都市建設に始まり、江戸期を通して懐徳堂や適塾などの教育システムや淀屋橋や道頓堀など主要な公共インフラの一部が商人の手によって整備され、大正・昭和には現存する名建築物が市民の財によって建設されるなど、町人が主体的に都市計画に参画するという風土に培われた進士の気鋭に満ちたまちであった。

　そして近代大阪の都市建設において、それまでの都市構造を大きく変えるまちづくりイノベーションの展開時期が2度あったと私は考える。

　1つは自動車文化の到来といった社会情勢の変化を先取りして、御堂筋に代表される、当時では常識外れの広い道路を作り、都市への人口集中を予見して都市圏というコンセプトを念頭に計画的に都市建設を行った大正から昭和にかけての時代。

　2つ目がバブル崩壊後に、経済は衰退期を迎えながらも、都市産業の再生と都市構造の再編成に動き出した平成10年代以降である。

　戦後経済が復興し、高度成長期に差し掛かってからは、経済効率化原則のもと日本全体が東京集中を促す大きな流れに集約化されていき、企業が護送船団方式に、自治体が国主導のマニュアル行政に躍らされている間に、かつての大大阪は衰退への緩い坂を転げ落ちつづけてきた。

筆者は、近代大阪のまちづくりは産・官・学と市民が互いに共同体としての意識をもって、作り上げてきたものと考えており、関一市長以降、都市計画という手法は、都市産業と関わって都市構造を変えてきたものであることを、行政経験を通して実感している。

　本章では、現在の大阪市の都市構造の元を作った関一市長のまちづくり哲学を点検検証し、現在までの大阪市のまちづくりイノベーションの歴史を探訪する。

　そして、今後さらなるまちづくりイノベーションが求められるのは、今までにない強力な都市間連携であることを主張したい。

　グローバル化が世界の潮流である今日、都市大阪が向かうべき道は、神戸・京都・堺の各政令市と京阪神都市圏を運命共同体として再構築するまとめ役となることであり、大阪が海外や国内各地域に対して都市圏連合のハブとして発信・紹介機能をもつように機能を再構築する覚悟が必要であること、そのために、うめきた開発エリアを各都市ネットワークの核として活用できるように開放する勇気をもつことを望みたい。

II．関一市長のまちづくり

　1925年（大正14年）に大阪市は市域を1852平方キロ（k㎡）に拡張し、人口は東京市を抜いて日本一の都市になった。この時代は自負の意味も込めて、大大阪時代と呼ばれた。本章では、そうした都市建設が行われた背景を整理し、当時の市長であり日本屈指の都市計画専門家であった関一のまちづくり哲学とその実績について述べてみたい。

　まず、1914年（大正3年）に助役となり、1923年（同12年）に市長となった関一が描いた大大阪建設についてその背景と考え方に迫る。

　関の都市計画なり市営事業に対する考え方は、『都市政策の理論と実際』に見ることができる。関は都市計画を土地利用のコントロールとまちの骨格を作るためのツールとして街路整備などの都市計画事業を重視した。

　1922年（大正11年）に大阪市を中心とするいわば大阪都市圏220k㎡の都市計画区域決定がなされた。後に、行政界を2回にわたり拡張して、

都市計画区域と行政領域の合一化が図られるが、当時の関市長はこの時期に何を考えていたのであろうか。

『都市政策の理論と実際』の「第2篇 都市計画問題」にその考えが示されている。

「……将来の都市計画は街路主義、都心美化主義を捨てて住み心地よき都市を建設することを主眼とすべきである。六十余平方哩の大大阪に屋根瓦の海を出現せしむることを以て大大阪の完成と思ふものがあれば非常なる間違である。緑色地帯の維持保存に依つて将来の市民の福祉を確実にすることが都市計画の新傾向である。此新しき思想を採り入れて大阪都市計画の創作に着手する時期は市域拡張後の今日が絶好の機会であつて、此機会を逸すれば永久に実現の可能性を失ふ虞がある。」（関一『都市政策の理論と実際』地方自治古典叢書、学陽書房、1988年、143-144頁より抜粋。一部の漢字は新字に改めた）

当時、イギリスで展開されたハワードの田園都市論は、太陽系の太陽の周りに衛星が配されるように、大都市の周辺に都市生活と田舎生活をミックスさせた小都市群を分散配置させるというものであった。

この考え方で、レッチワースとウェルウィンという2つの都市を取り上げて関はその考え方を述べる。

すなわち、前者は今でいうニュータウンの発想で都市郊外に田園都市を創るものであるのに対して、後者は中心都市ロンドンの都市圏内に建設された都市としての性格をもつものであったが、関は後者の考え方を大阪市に適用しようとした。

また、都市構造を作っていくプロセスについても、用途の決まっていない空地が住居や商業・業務などの用途に覆い尽くされるのではなく、都市の中に建築地と非建築地を分けて、非建築地はいわゆる緑地として永久に建築を許可しない空間とすべきであると説いた。

当時は市域は建築をするべきゾーンであり、空地は将来の建築地という意味しかなかったようで、これに対して関は市域の空地の機能を重要

視した。

　そのため、都市をゾーニングし、都心部周辺に緑地帯や空地を計画的に配し、全体としてバランスのとれた土地利用とする方針を説いた。

　また、当時、大阪市域の拡張が実施されようという時期でもあったため、都市計画として先取りできる絶好のタイミングであるとも述べている。

　しかしながら、現実的には関の考え方は実行されなかった。

　当時の関の脳裏には、将来にわたり、高密度な集積の都心部を中心に緑豊かな居住地が周辺に分散し、道路と鉄道とがこれらを結んでひとつの都市圏を形成するという理想の姿が鮮明に描けていたことであろう。

　1928年（昭和3年）に「總合大阪都市計画」が決定され、104か所の公園が都市計画決定された。その後に4大緑地が都市計画決定され、1941年（同16年）に大阪府の事業として事業認可を受けることとなる。

　この決定プロセスにおいて、都市の拡大防止とともに日中戦争を契機とした防空計画の一環として大規模緑地は計画された。大阪府と大阪市は協同で作業を行い、環状緑地を含む緑地計画となったようである（「戦前の大阪緑地計画の策定過程とその特質」関一『都市政策の理論と実際』1988年より）。

　現在残る服部、鶴見、久宝寺、大泉の4大緑地は、こうした時代背景において整備されたが、関市長の考えが反映されたものといえないだろうか。

　今、大阪駅の北側に27ヘクタール（ha）の規模で鉄道貨物ヤードの開発が進んでいる。第1期は3分の1を先行的に開発し2013年（平成25年）にオープンした。残り3分の2はすでに鉄道施設が撤去され2期整備の時期を迎えようとしている。このうめきた開発において、約7haの公園を組み込んだ開発が行われようとしている。

　都心部での緑地整備という点で関の余剰空間という考え方とは少し異なるが、建物建設を排除した空間を整備することは、防災上の空間としてまた、将来のビルの建て替え用地を確保するという意味において、都心緑地の意味は大きい。

一方、関は近代都市建設における道路など公共インフラの整備の重要性を認識していた。このための仕組みとして考えたのが、受益者負担制度の考え方を取り入れた都市計画事業である。

　1921年（大正10年）第1次大阪都市計画事業決定において、大阪都市圏を意識した土地利用と道路整備として、阪神国道や10放射道路の整備を計画し、一方、御堂筋などの広幅員道路の整備財源の一部に沿道企業・市民に道路の拡幅による受益負担を求めた。市民にとっては理不尽ともいえる受益者負担である。

　1921年（大正10年）に定められた第1次都市計画事業では、最終的に40路線の街路の新設拡幅や道路舗装18万坪、橋梁81橋の改築など、事業費1.6億円（現時点の物価換算で約2200億円）という膨大な建設事業が計画され、1942年度（昭和17年度）までに全体事業がほぼ完成を見た。

　一方、市電事業に関しては、市域拡張により必要となる都心部と拡張部の交通を市営交通が担うことで、収益性の観点ではなく路線網を選ぶことができると考えた。

　大阪は東京に比べて私鉄が都市の中央部にまでターミナルを整備したため、すでに路線単位の生活ゾーンが形成されてしまっており、市内交通を私鉄会社に任せては、収益性を重視したいびつなネットワークになってしまうのではないかという危惧があったためである。

　また、関市長は、市電を通すために広げられた街路は将来にわたっての都市の骨格を形成するが、その整備に税金を投入するのではなく、公益事業である市電事業の収益を充当したことを大きく評価している。

　現在では私鉄と市営交通の分離が、大阪の鉄道システムを相互直通ができなくさせた原因であるともいわれているが、鉄道整備の過程を考えた時に、私鉄も市営交通も事業収益により建設され、特に、市営交通事業における街路整備の効果は今日も大きな財産となって大阪市を支えていることを忘れてはならない。

　そして現在、市営地下鉄は民営化され、大阪市高速電気軌道株式会社 OSAKA METRO として2018年度（平成30年度）よりスタートした。

　この民営化以降、どのような組織が大阪都市圏の鉄道ネットワークを

マネジメントするのかを考えると、関一市長が唱えたように、一企業に任せるのではなく、鉄道企業の連合体のような組織運営体が、都市圏鉄道として運行のマネジメントを行うような方法論が考えられるべきであると思う。

一方、関市長は、都市交通論として、都市交通機関は都市計画の一部であり、高層ビルが輸送需要を発生し、その無秩序な林立が交通上の混乱を起こすことを考慮して、都市計画において定められなければならないと結んでいる。交通計画は将来を見越した都市計画の一連として計画されており、関の考えは今日も生きている。

交通事業や水道事業という市営事業に関しては、営利事業を公的機関が行うことの問題を指摘しつつ、実際問題として、市税だけでは都市市民の福祉、保健、文化施設などを建設運営することは難しいことから、電車事業の収益が街路網整備の財源になったという現実も踏まえた市営事業による実際的効用を示している。

その上で経営問題に触れ、「市営、公営事業の中心問題は経営者其人を得るに如何なる制度を要するやである。……私は、市営事業に於ても其経営者の地位が安固ならず、其責任の分界点が不明であり、有能者も十分の能力を発揮し得ざる組織を革新することが事業経営上の最大の問題であると信ずる。」(関一『都市政策の理論と実際』1988年、343頁より抜粋。一部の漢字は新字に改めた) と述べている。

この指摘も、今日交通事業の民営化が課題となるなかで、示唆的な内容である。

すなわち、2016年度(平成28年度)決算では、約1000億円もの黒字を計上した大阪市営地下鉄は2018年度(平成30年度)に民営化され、資本合計1兆3000億円で大阪市が100％株を所有する株式会社になった。

日本において市営事業の定義、取り扱いが定まっていない当時、司法裁断所において、東京市の市電事業は営利を目的とする運輸事業との見解が示され、お金は使用料ではなく料金・運賃であること、また乗客と行政体である市とは公法ではなく私法の関係にあるという考え方が示された。

整備に巨額の事業費を必要とした下水道事業においても、現行法制に定められている範囲の市税をもってしては、市民の福祉を増進する見込みはなく、事業の完成には、受益者の負担と使用料の徴取と市営事業である水道事業の余剰金の投入が必要との見解を示した。
　このことから、市営事業の経営においては、市営事業と株式会社の相違点は外部関係においてであり、内部関係では酷似しているとの見解を示しつつ、市営事業の収益は公的公共団体に帰するものであり、営利を無垢的とするものではなく株主に帰着する企業とは異なること、株式会社は資本の所有と事業の管理が分離しているが、市営事業も私営事業同様で、企業経営者としての資質をもった人材が不可欠との見方をしていた。
　また、公私共同事業についても見解を述べている。
　公私共同経営とは、公共団体が私人と共同して資本出資し事業を管理する危険分散の経営形態で事例として南満州鉄道が挙げられており、今でいう第3セクター事業であった。当時、東京市長が電灯事業に公私共同経営の考えをもっていたが結局実現しなかったようである。
　関市長は、この制度は公益主義の公共団体と営利主義の私人企業の管理共同化であるが、相いれないものを結合するものであり、市営事業は経営方針や業務執行の権能は市に統一されるが、共同経営の場合は公益と利益獲得が反発して調和が困難であることを指摘している。
　一方、市営事業の事業管理において、共同経営の仕組みを取り入れることは考えられるとし、一公共団体を超えて事業を経営する事業、ガス事業、電気事業、琵琶湖などの水資源開発においては共同事業方式が考えられるとの見解を示していた。
　以上のように、関市長は都市建設の方法から都市の運営に至る一連の仕組みを都市経営として導入しようと考えていた。このDNAはその後の大阪の都市再生に生かされている。

Ⅲ. 近年における公民連携のまちづくり

　大阪ビジネスパークと呼ばれるエリアがある。砲兵工廠であった場所が戦災により焼け野原になった区域であり、ここに高度成長期に民間事業者による開発が行われた。

　1970年（昭和45年）に土地所有者4社による開発協議会が発足し、大阪城公園の北側にある、寝屋川と第2寝屋川の間に挟まれた26haのエリアの開発が始まった。

　1976年（昭和51年）に個人施行の区画整理事業が大阪市から民間事業者に認可され、最大で5.6ha、最小でも1.3haというスーパーブロックの街区と歩車分離の道路空間を基軸とした一体的な開発事業がスタートした。

　この開発事業は、区画整理による基盤整備に加え、総合設計による容積率のアップを行うことで、個別事業にはできない地域の一体的整備を可能とし、また、まちなみが完成した後もエリア全体の景観保持を行うため、建築協定が結ばれた。

　当時、このような広大な開発事業を民間が中心となって実行するということは稀有な事例であり、その後に大阪や他地域での展開される面的拠点開発のモデルとなった。

　現在では、このエリアの運営を協議会が担っているが今後、エリアマネジメント団体へと進化させ、エリアの管理運営を主体的に担っていこうという動きが出てきている（図7-1）。

　ここで紹介したOBPの開発以降、大阪市では民間事業者による開発協議会方式で開発された地区が2地区あり、いずれも旧国鉄の貨物ヤード跡地を開発したものである。

　1つは、大阪駅西側に位置する西梅田地区である。貨物ヤード跡地と阪神本線の地下化事業により生み出された鉄道敷地を加えた約9haの地上空間を開発したもので、その後大阪駅周辺では大規模な開発が順次進んでいくがそのリーディングプロジェクトである。

　1985年（昭和60年）に西梅田地区の土地所有者（日本国有鉄道、阪神

図7-1　大阪ビジネスパーク計画の概要
(出所)大阪ビジネスパーク協議会ホームページ(http://www.obp.gr.jp/index.html)より

電気鉄道、阪神高速道路公団、雪印乳業、阪神不動産、ホテル阪神)と大阪市により区画整理組合が設立され、道路事業など基盤施設の整備が進められる一方、開発協議会が発足し、都市機能の充実を目的に公的施設の管理やイベント開催などエリアの運営を主体的に行う仕組みが作られた。

区画整理事業は1996年度（平成8年度）に完了し、順次ビルの建設が進められ、2008年（同20年）にはブリーゼタワーが完成してエリアの最終形が整った（図7-2）。

もう1つはJR西日本湊町地区で、かつての貨物ヤード跡地と関西本線の地下化事業で生み出された土地の地上部を開発したものである。

これらの事業は、いずれも、鉄道の地下化により生み出された鉄道用地を区画整理事業により整形化し、開発行為に対して全体ルールを定めて個別開発によるアンバランスを避けて、統一した資産形成を図ったことにおいてOBP開発事業を引き継いだものといえよう。

2002年（平成14年）国において都市再生特別措置法が制定され、都市再生緊急整備地域の指定がなされた区域においては、周辺に比して都市計画の容積率の緩和など都市計画規制の例外が規定され、また対象事

図7-2　着工前の西梅田地区
(出所)オオサカガーデンシティ　西梅田開発協議会(http://www.osaka-gardencity.jp/ogc/)より

業への補助や助成制度が適応されることとなった。

　大阪市では、都心部地域や臨海部において指定を受け、大阪駅周辺から御堂筋、難波に至る地区を中心に、10を超える都市再生特別地区の都市計画決定が行われた。

　これらは、いずれもビルの建て替えに合わせて、広場の整備や地下空間のバリアフリー化など周辺環境整備に資する事業を同時に行うことと引き換えに容積率の緩和を受けた。

　行政が主導する再開発であれば、全体計画に従って順次事業が進んでいくが、特区制度の適用型では、対象エリアは限定されているもののエリア内の民間地権者の建て替え意欲をベースに案件毎に制度を適用するため、先行する事業の内容を踏まえて隣接する案件の内容を調整するというステップバイステップのプロセスで順次進んでいくこととなった。

　このため、案件が集中した大阪駅周辺エリアでは、行政がエリア全体のバリアフリー化を政策として掲げ、個別ビルの建て替えに合わせてビルの地下階と地下街が接続するバリアフリー化が順次進み、個別建て替えではできない地下空間全体の改造が可能となった。

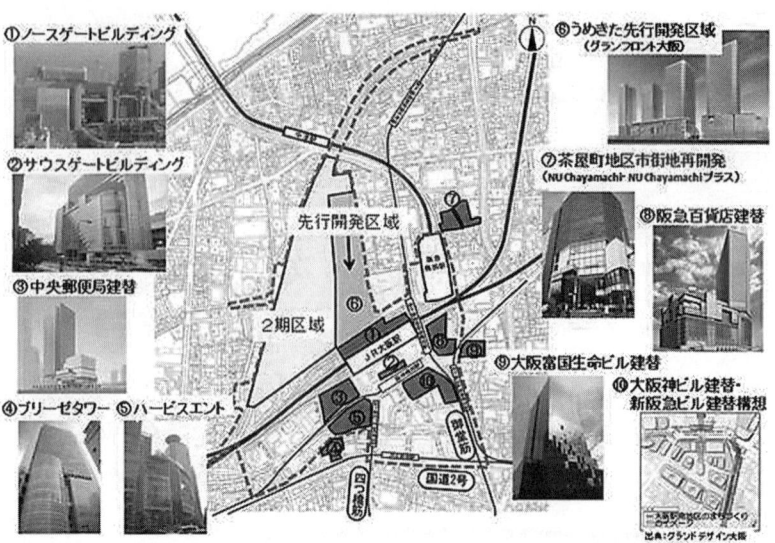

図7-3　大阪駅周辺の都市再生制度等を活用した大規模ビルの再整備分布
(出所)⑩グランドデザイン・大阪(http://www.pref.osaka.lg.jp/daitoshimachi/granddesign/)より

　つまり、大阪駅周辺では歴史的に見ると個別事業者毎にビルの建設が進んだため、エリア全体のまちづくりのバランスが取れていなかったが、都市再生特別地区の指定というツールを導入することで地下空間の拡幅や段差解消によるバリアフリー化を実施することができた。
　これは、民が個別建て替えに注力することに対し、公はエリア全体を見通し、さらに都市全体から見たエリアの機能を空間再編成により組み立て直した事例である（図7-3）。
　次に、商業地域において地域がもつ魅力と景観を保持するために地区計画制度という公的規制を活用して地域住民が自ら立ち上がった事例である。
　ミナミにある宗右衛門町地区は繁華街として昔から栄えてきたエリアであった。
　しかしながら、風俗店関連の店舗などが蔓延し、かつての魅力が損なわれつつあることを危惧した地元商店街の住民らと行政が協議を重ね、都市計画の地区計画制度を活用して、新規や改築などの建築行為を規制

図7-4　大阪市宗右衛門町地区計画の概要
(出所)大阪市ホームページ(http://www.city.osaka.lg.jp/)より

することにより良好な風景を保持する仕組みを作った。

　地区計画で建築制限の基本方針とエリアを定め、それを具体的に建築基準法に基づく条例で用途規制を行うこととし、その規制に先立ち地域の権利者などで構成された審査会において地区計画との適合を審査することとした。

　これは、行政と地域が一体となり、地区計画で定めた地域の保全方針に一致しない建築物を認めない仕組みを作った事例である（図7-4）。

　以上は、民間事業者や住民などの要請を受け、公が仕組みを考えて公民連携を進めてきた事例であるが、それに対して、公的空間を民間事業者が行政に成り代わって管理運営する思い切った2つの実践が大阪市において実施され、国に制度導入のきっかけを与えた事例を以下に紹介する。

　1つはパークマネジメントである。公園を単に管理委託するのではなく運営権限を民間に委ねて、立地条件を生かした収益事業を全面的に展開してもらうこの方式を導入したことで、公園利用の範囲が大きく広が

り、利用者の満足度も向上した。

これについては第8章で詳細を記述するが、大阪で導入された公園のパークマネジメントは、管理運営を指定管理制度や設置管理許可制度などを活用して協定締結により実施された。協定では、占用料の支払いや事業収益からの収入から大阪市へ支払うことなどを取り決めており、公園の維持管理費の削減のみならず収入を得るという意味でこれまでにない取り組みであった。

この成功事例は、国における公園の広範な利用と利用者満足度をあげる制度導入のきっかけとなったのではないかと考えられ、その後導入されたパークPFI制度や都市緑地法等の法改正につながったといえよう。

もう1つは、うめきたの1期開発で導入された道路や公共広場の運営を民間事業者が必要な財源を税金のようなかたちで徴収し、また収益事業を展開する大阪版BID制度である。

このBID制度は、市民や民間の団体が行政に代わってまちを運営管理するシステムで、カナダのトロントで始まりその後アメリカの主要都市であるニューヨークやサンフランシスコを始め各州で広範に導入されてきた。

日本では従来より公物である道路や公園の管理運営は行政の権限と責任で実施されており、また公共空間を利用して行われるイベントは行政の許可が必要であるなど業務の民間活用は進んでいるものの、まちの運営権限と責任を市民団体などのエリアマネジメント団体へ委ねることは、それを規定する法律もないなかで問題が多いといわれてきた。

しかし、当時の制度下で条例制定をしたものが大阪市BID制度である。

制度上の不明確さを避けるために、地方自治法、都市計画法、都市再生特別措置法の3つの法律の規定を適用したが、行政に代わってある限定されたエリアとはいえ、民間事業者が管理運営権をもつに際し、3つの課題があった。

1点目は、エリアの範囲と管理運営する主体の認定である。権限と責任の及ぶエリアを何により限定できるか、またそれを委ねるにふさわしい要件を主体が満たしているかの認定をどのようにするか。

2点目は、財源として見込まれる受益相当分の負担金をどのようなかたちで地権者から徴収するか。

3点目は、エリアの管理運営という公益活動に対する税金の問題である。自治体が公共施設の管理運営する際に、その業務に対して課税されないが、BID主体は公共に代わって管理運営業務をしても課税対象になるという問題である。

1つ目の課題に対しては、都市再生法による都市再生整備計画と都市計画法による地区計画で範囲を決定し、主体については都市再生法により都市再生整備法人を認定し、活動内容は同法に基づき利便増進計画において定め、市条例に基づき年度ごとの計画を定めることとした。

2つ目については、市条例により分担金として地権者が市に納入し、事業者に依託金として活動費に充当されることとした。財源については、エリア内の道路、広場にいて行われるイベント収入なども充当される。

3つ目は、現行制度上は法律に特別の定めがなく、認定のNPO法人の認可を取得するほか手段がなく、狭き門となっている。

また、エリアの事業者がイベントにふさわしいデザインやエリアの上質感を漂わせるために、道路の舗装材など公共施設のゼザインや質を高めることは重要であるが、通常は施設管理者においてしか実施権限がない。

そこで、図7-5に示したように、高質な施設整備などについてもエリア管理者において行えることとした。

大阪市の新たな官民連携の施策は、国において地域再生法の改正によりエリアマネジメント活動に要する費用を受益者から徴収し活動費に充当することができる制度が創設されるきっかけを作った。今後日本版BID制度が全国に普及していくことが期待される。

国の制度においては、まずその地域に関する地域再生計画が内閣総理大臣の認定を受け、その計画に位置づけられているエリアマネジメント団体が「地域来訪者等利便増進活動計画」を市町村長に申請し認定を受けることとなっている。

活動計画書には、活動の実施区域、目標、内容、受益の内容と程度、

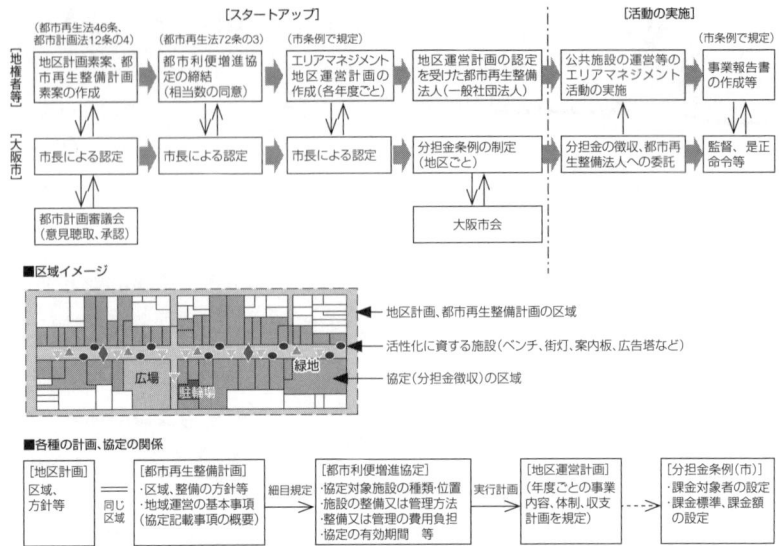

図7-5　大阪市 BID 制度の概要
(出所)大阪市ホームページ(http://www.city.osaka.lg.jp/toshikeikaku/page/0000402593.html)より

事業者の範囲、計画期間、資金計画書を記載することとなっている。

　負担金徴収は総受益者の3分の2以上の同意が必要で、計画に認定に当たっては議会の議決が必要となる。

　また、市町村長は受益事業者から負担金を徴収しエリアマネジメント団体に交付するが、負担金徴収の額や方法については条例で定めなければならない。

　こうした手続きを経て、エリアマネジメント団体への負担金交付が可能となる。

　大阪市の制度創設時には法律改正がなかったため、地方自治法上の分担金として位置づけたが、地域再生法の改正でその性格が明確化した。

　一方、公益活動に関する税金免除については今回の制度構築においては扱われておらず今後の課題となっている。

参考資料

日本都市計画学会関西支部編（2011）『関西都市計画 100 年の歩みとまちづくりの知恵』（社）日本都市計画学会関西支部、116-117 頁

日本都市計画学会編（2011）「大阪ビジネスパーク」『60 プロジェクトによむ 日本の都市づくり』朝倉書店、148-149 頁

関一（1988）『都市政策の理論と実際』（地方自治古典叢書）学陽書房

第8章

大阪市のパークマネジメント

Ⅰ．大阪市でのパークマネジメントの取り組み

1．「大阪都市魅力創造戦略」と公園

　大阪市では、限られた財源や経営資源の重点化を図り効率的な自治体経営を実現するとともに、大阪都市圏の成長をけん引していくために、「都市魅力創造」を府市共通で取り組むべき重要政策の1つに位置づけた。そして、世界の都市間競争に打ち勝つ都市魅力を創造・発信するため、2012年（平成24年）12月に、2012～2015年度（同24～27年度）を計画期間とする「大阪都市魅力創造戦略」を策定した。

　同戦略は、世界的な創造都市に向けた観光・国際交流・文化・スポーツの各施策の上位概念となる府市共通の戦略であり、「民が主役、行政はサポート役」という基本的な考え方のもと、世界が憧れる都市魅力を創造し、世界中から人、モノ、投資等を呼び込む「強い大阪」の実現を図ることを目的としている。また、「水と光のまちづくり」、「文化振興」、「観光振興」の3つの重点取り組みにより重点事業の推進体制の構築を行うとともに、世界第一線級の文化観光拠点の形成を図る5つの重点エリアを設けた。大阪城公園を含む「大阪城・大手前・森ノ宮地区」、天王寺公園を含む「天王寺・阿倍野地区」は、各々この重点エリアの1つに位置づけられ、種々の具体的な取り組みを展開していくこととされた。

　このような経過のなか、同戦略の位置づけや方針を踏まえ、各エリアがもつ立地特性やポテンシャルに磨きをかけ、都市魅力の創出や観光拠点にふさわしいサービスの提供を図るため、大阪城公園と天王寺公園に

おいて、民間事業者が持つ柔軟かつ優れたアイデアや活力を導入するため、官民連携による新しいパークマネジメントを実施していくこととなった。

大阪城公園と天王寺公園における官民連携による新たなパークマネジメントは、2015年度（平成27年度）に続けて導入された。ともに、公募により選定された民間事業者が公園の管理運営を市からの委託料等によらず、独立採算的に行うもので、民間事業者の優れたアイデアやノウハウ、活力や資金を導入し、それぞれの公園がもつポテンシャルを活かしながら一層の魅力向上を図り、集客・観光の拠点化を図ろうとするものである。また、この両公園での新たなパークマネジメントは、既存公園施設の維持管理運営にとどまらず、民間事業者の投資により新たな公園施設の整備を行うことをはじめ、これまでのパークマネジメントにない大きな特徴をいくつか有し、国においてその後制度化されたPark-PFIの原点とでもいえるものである。

本節では、この大阪城公園と天王寺公園で導入した官民連携による新たなパークマネジメントの概要や特徴、事業の経過や実施状況などを紹介する。

2．新しいパークマネジメントの取り組み

(1) 大阪城公園におけるパークマネジメント「大阪城公園パークマネジメント事業」

①はじめに——公園の概要と背景等

大阪城公園は、都心に位置する水と緑豊かな広大な都市公園であり、憩いの場として広く市民に親しまれている（図8-1）。

その大半の区域が、1955年（昭和30年）に国の特別史跡「大坂城跡」として指定されている歴史公園であり、櫓や門、蔵など国指定の重要文化財が13棟あるほか、市民の寄付で1931年（昭和6年）に再建され登録文化財となっている天守閣など、多くの歴史文化資源が集積している。

なかでも天守閣は大阪のシンボルとして親しまれており、内部は博物館になっており、年間150万人を超える入館者を数え（2012年度〔平成

図8-1　大阪城公園

24年度〕実績)、大阪城公園は、都市公園として市民を中心に多くの人に利用されるとともに、大阪観光の中心として国内外から多くの観光客が訪れる大阪・関西を表する集客拠点、観光名所となっている。

　しかしながら、「大阪都市魅力創造戦略」策定前の大阪城公園は、その観光拠点にふさわしい魅力的な便益施設の整備やサービスの提供は十分とはいえず、大阪城公園の優れた立地特性や歴史文化資源などが集積しているというポテンシャルを必ずしも十分活かしているとはいいがたい状況にあった。

　このような状況から、「大阪都市魅力創造戦略」において、大阪城公園を含むエリアを重点エリアの1つに位置づけ、大阪城公園に民間事業者の優れたアイデアや活力を導入し、世界的な歴史観光拠点にふさわしいサービスの提供や新たな魅力の創造を図るため、民間事業者が公園を一体的に管理運営する「大阪城公園パークマネジメント事業」を導入することとなった。

　②大阪城公園パークマネジメント事業の概要と特徴

　「大阪城公園パークマジメント事業」(Park Management Organization: PMO. 以下「PMO事業」と略す)は、大阪市が大阪城公園を一体的に管理運営する民間事業者をパークマネジメント事業者として公募により選

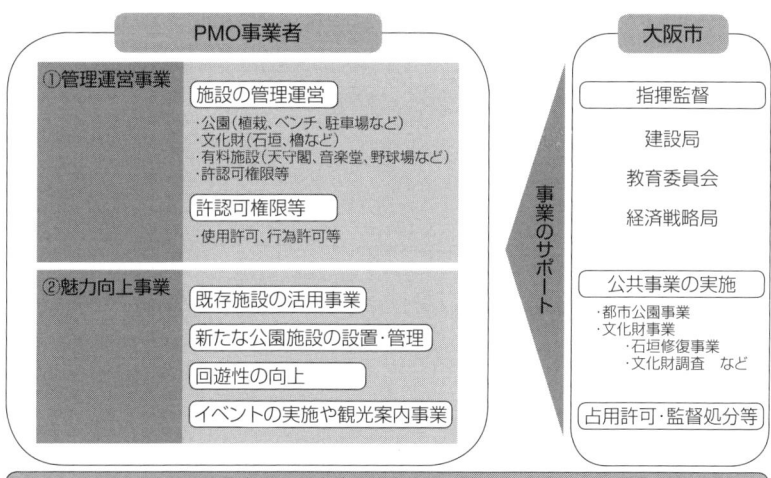

図8-2　PMO 事業の仕組みと事業概要
(出所)大阪市ホームページ(http://www.city.osaka.lg.jp/keizaisenryaku/cmsfiles/contents/0000271/271008/0-1besshi1.pdf)より一部修正

定したもの（以下、「PMO 事業者」とする）である。この PMO 事業者は、指定管理者制度による公園の指定管理者としてだけでなく、大阪城公園の観光拠点化推進のため、新たな魅力ある施設の整備や既存の未利用施設の活用を実施するものとしている。また、事業期間は 20 年間とし、市からの指定管理代行料はなく、管理運営に必要な経費については、施設の利用料金収入や事業収入等で独立採算的に賄うこととしている（図8-2）。

このように PMO 事業は、一般的な指定管理者制度には見られない特徴を有する。ここでは、これらの本事業の特徴を 4 点に整理しながら、事業概要等を説明する。

1 点目は、原則として大阪城公園の全域と大半の公園施設を一括して管理運営の対象としたことである。

この特徴は、他の公園等の指定管理者制度を導入している事例においてもの見られるものであるが、公園全体の管理運営を一括して PMO 事業者に委ねることにより、同事業者がスケールメリットを活かしながら、

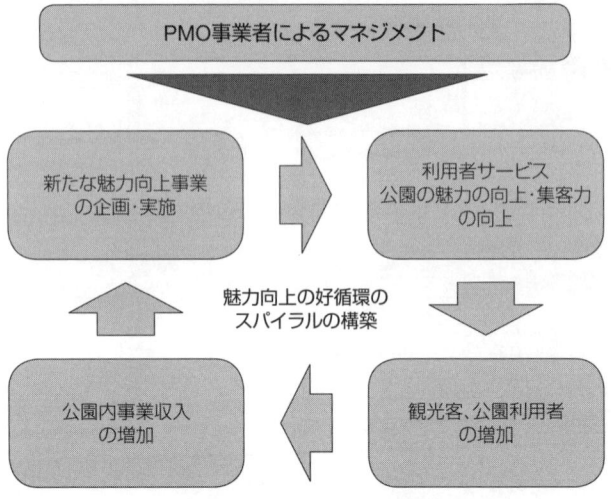

図8-3　PMO 事業による魅力向上の仕組み（イメージ）
(出所)大阪市ホームページ(http://www.city.osaka.lg.jp/keizaisenryaku/cmsfiles/contents/0000271/271008/0-1besshi1.pdf)より一部修正

より戦略的で、より効率的な管理運営を実施しやすくなることを期待したものである。

2点目は、魅力の向上を図る新規の公園施設の整備や既存公園施設の改修等による活用を PMO 事業者の投資により実施することとしたことであり、これは、PMO 事業の独自ともいえる最も大きな特徴である。

これらの新規の公園施設の整備等は、募集要項において大阪城公園を歴史観光拠点として質の高いサービスを提供するために必要な「魅力向上事業」として、公園の特定のエリアで応募する民間事業者に提案を求めたものであり、原則、PMO 事業開始から5年目までに実施できるものであることを条件としている。

実際の PMO 事業においては、この「魅力向上事業」の提案によりカフェやレストラン、売店などをはじめとする大型の複合公園施設が新たに設けられ、多様なニーズを反映した魅力やサービスの向上が図られ、観光客、公園利用者の増加につながっている（図8-3）。

なお、PMO 事業者が「魅力向上事業」として設置する建物等につい

ては、大阪城公園の用地の大部分は大阪市が公園用地として無償貸付を受けている国有地であり、民間事業者が収益施設を設置できない。そのため、大阪市に寄付をし、市の財産とすることで既存の公園施設等を合わせて指定管理者が管理する対象と位置づけ管理運営を行っている。

　3点目は、管理運営は独立採算的に行うこととし、指定管理業務代行料は「なし」として、さらに大阪市に納付金を納めることとしたことである。

　PMO事業では、公園や公園施設の管理運営に必要な経費については、魅力向上事業でPMO事業者が新たに整備した公園施設を含め施設の利用料金収入や事業収入で賄い、独立採算で行うこととしている。また、PMO事業者から市に毎年一定額を基本納付金として納める（2015～2017年度〔平成27～29年度〕226百万円／年、2018年度〔同30年度〕以降260百万円／年）とともに、単年度の事業収入等が各公園施設や園地等にかかる維持管理経費以上の収入があった場合は、公募時に民間事業者が提案した割合である収益の7％を変動納付金として納付することとしている。

　4点目は、事業期間（指定期間）を一般より長期の20年間としたことである。

　大阪市の「指定管理者制度の導入及び運用に係るガイドライン」では、指定管理期間は原則5年間となっており、利用者への安定的なサービスの提供や専門性、施設の経営形態等の変更が予定されているなどの場合、協議により例外的に5年以外の指定期間を設定することができるとしている。

　PMO事業では、民間事業者の投資により新規の公園施設を整備すること、指定管理業務代行料がなく、納付金を納めることにしたことなどから、多額の投資の回収期間を考慮するとともに、PMO事業者がより計画・戦略的に安定的な事業運営を図れるようにするため、20年間の指定期間とした。ただし、PMO事業者による管理運営が適切に行われ、制度の目的が実現されているどうか社会情勢の変化に応じて見直す機会を5年ごとに設けることとしている。

③PMO事業者選定の経過等

　PMO事業者の公募に先立ち、民間ニーズの把握、さらには国有財産法や文化財保護法、都市公園法などの法の制約のあるなかで、既存の施設の改修や新たな施設の設置が可能か否か等について、検討、協議を行うため、2013年（平成25年）7月から大阪城公園における新たな魅力向上事業についての事前提案の募集を実施した。募集の結果、3事業者から複数の魅力提案事業についての提案があり、その内容について関係機関とも協議を行い、その結果を提案事業者にフィードバックし、翌年のPMO事業者の公募につなげた。

　PMO事業者の公募については、関連法令の範囲内で実施することとし、2014年（平成26年）6月から募集を開始し、2団体から提案があった。外部の有識者からなる大阪城公園パークマネジメント事業予定者選定委員会を設置、開催し、その委員会の結果を踏まえ同年10月に株式会社電通 関西支社、讀賣テレビ放送株式会社、大和ハウス工業株式会社、大和リース株式会社、株式会社NTTファシリティーズの5社の構成員からなる連合体である大阪城パークマネジメント共同事業体を事業予定者として選定した。なお、選定委員会においては、応募事業者より提出された書類とヒアリング内容をもとに、指定管理者としての評価項目と魅力向上事業の評価項目を審査基準として選定を行った。

　その後、2014年（平成26年）12月に市会の議決を経て、大阪城パークマネジメント共同事業体を指定管理者として指定し、2015年（同27年）4月1日より大阪城公園PMO事業が開始された。

　2015年（平成27年）6月には、連合体の構成員により設立された大阪城パークマネジメント株式会社を加えた6社の連合体を改めて指定管理者として指定し、同年7月からは大阪城パークマネジメント株式会社が代表者となった連合体がPMO事業を実施している。

④PMO事業の導入効果

　20年間のPMO事業期間のうち3年間しか経過していないところであるが、次のような3点で事業の導入効果が生じたと考えている。

　1点目は、民間事業者の投資によって観光地としての大阪城公園の来

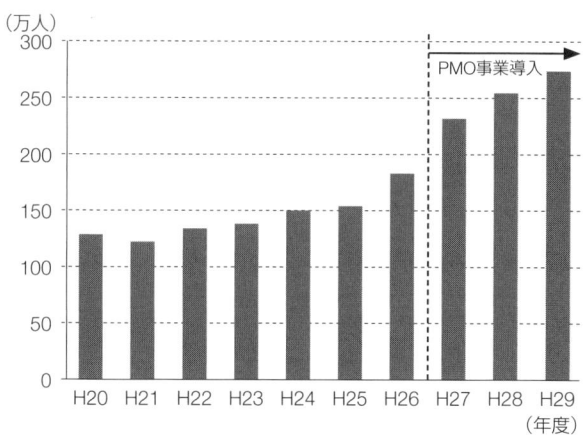

図8-4　大阪城天守閣の入館者数の推移

園者の多様なニーズに応えるような新たな魅力的な公園施設が数多く整備されたことである。

カフェ、レストラン、土産物ショップ等の利便施設は収益施設であり、税金を投入する公共事業としては、今回整備されたような大規模で魅力的な利便施設の整備は実現困難であったものであるが、民間事業者の優れたアイデアとノウハウ、投資によってこそ実現したものである。

2点目は、それらの魅力向上施設の整備や効率的できめの細かいサービスの提供などにより、大阪城公園の一層の魅力向上と集客の拠点化が図れたことである。

一例として有料施設である大阪城天守閣の入館者数を示すが、天守閣の入館者数は事業導入後3年連続で過去最高を記録し、2017年度（平成29年度）には275万人を超えた。これはインバウンドの増加をうまく取り入れたものといえるが、調査によると入館者数における外国人と日本人の割合は3年ともおおよそ半々程度であることから、日本人も同様に増加している（図8-4）。

3点目は、PMO事業の導入が、結果として大阪城公園の維持管理、運営に関する行政経費の削減につながったことである。

大阪市にとっては、一部の例外を除き大阪城公園全体の維持管理、運営費用が基本的にゼロとなり、逆にPMO事業者からの納付金の納入を受けることから、毎年度2億円を上回る行政経費を削減することができたこととなる。

(2) 天王寺公園におけるパークマネジメント「天王寺公園エントランスエリア魅力創造・管理運営事業」

①はじめに——公園の概要と背景等

天王寺・阿倍野地区は、地下鉄、JR、近畿日本鉄道等の駅が集積する大阪第3のターミナルを有する。この地区には、天王寺公園を中心として、北側には四天王寺や一心寺などがある寺町・文教系ゾーン、南側にはあべのハルカスやあべのQ'sタウンなどの大規模な再開発が進められた商業系ゾーン、西側には新世界や通天閣などがある観光系ゾーンが広がるなど、特色ある文化、観光資源が集積している。

天王寺公園は、この天王寺ターミナルの目の前に位置する1909年（明治42年）に開園した面積約26ヘクタール（ha）の都市公園で、園内には動物園や市立美術館をはじめ旧住友家の名園「慶沢園」、「大坂夏の陣」の舞台として知られる茶臼山など、多様な文化資源を有する。

しかしながら、「大阪都市魅力創造戦略」策定当時の天王寺公園は、1990年（平成2年）以降公園全体が有料公園となっており、施設の老朽化も進んでいたことなどから、その立地特性や多様な施設が集積するというポテンシャルを活かせているとはいいがたい状況となっていた。特にエントランスエリアは、ターミナルに最も近く、動物園や美術館等へのアプローチ空間であり結節点的な場所でありながら、便益施設等のサービス機能や魅力的な施設等も不足し、素通りされてしまうような状況にあった。また、2015年（同27年）に天王寺動物園が開園100周年を迎えることもあり、より魅力的な公園に向けて再整備が望まれていた。

このような状況から、公園の無料化を図り、天王寺公園が賑わいと交流の拠点となり、天王寺・阿倍野地区全体の活性化にも資するように、エントランスエリアを中心とする区域を対象に再整備を伴う新しいパークマネジメントを導入することとなった（図8-5）。

図8-5　天王寺公園
(注)点線の範囲はおおよその事業対象範囲を示す。「てんしば」オープン後に撮影

②天王寺公園エントランスエリア魅力創造・管理運営事業の概要と特徴

　天王寺公園で新たに導入された官民連携によるパークマネジメントは、「天王寺公園エントランスエリア魅力創造・管理運営事業」として公募により実施されたもので、選定された民間事業者が、公園のエントランスエリアを中心とする一部区域を対象にレストラン、売店などの便益施設や運動施設等を設置するとともに、その周辺の一般的な公園基盤施設（園路、植栽、照明等）も含めて一定区域の公園の面的な再整備を行い、当該公園区域の管理運営も合わせて行うこととしたものである。

　事業対象区域は「天王寺エントランスエリア」と「茶臼山北東部エリア」の2つのエリアとし、事業内容は、募集要項で①新たな賑わいを創出する飲食、物販等の公園施設の設置・運営と公園の整備を行う賑わい創出事業（ハード事業）、②イベント等の実施やプロモーション活動を行う賑わい創出事業（ソフト事業）、③対象区域の公園の維持管理を行う維持管理事業の3本立てとして、一定の条件のもと具体的な事業提案を応募者に求めたものである。また、事業期間は最長20年間とした。

　本事業の大きな特徴は、民間事業者がそのアイデアや経営ノウハウを活かすとともに、インセンティブが機能するよう、民間事業者が計画・

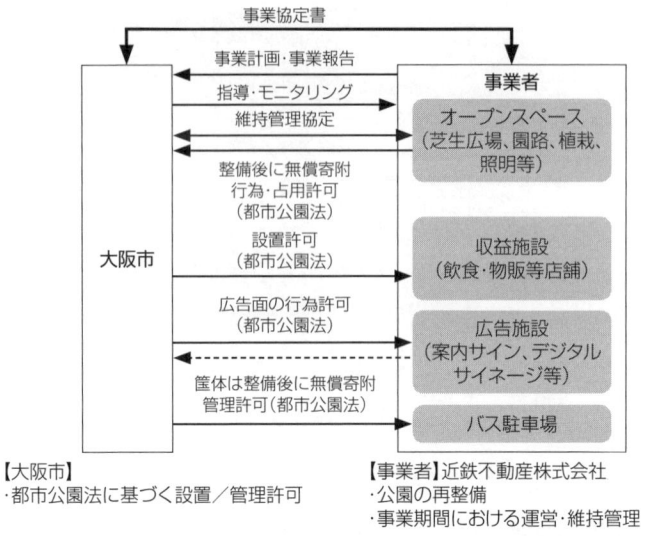

図8-6　天王寺公園エントランスエリア魅力創造・管理運営事業／官民の役割分担と手続き等

設計・整備から維持管理・運営まで一貫して独立採算で行うことと、投資回収期間を考慮し長期の事業期間としたことである。

　制度・手続き面を見ると、本事業では公園の全域ではなく一部区域を事業対象としたことから、指定管理者制度は採用せず、施設等の設置に当たっては公園施設の設置許可、管理許可の手続きを適用することを基本とした。すなわち、民間事業者が設置するレストラン・売店などの便益施設やスポーツ施設などの公園施設については、都市公園法に基づく設置許可・管理許可の手続きを行う。大阪市はこれらの施設にかかる設置および管理許可に際して、大阪市公園条例に基づき、公園使用料を徴収する。ただし、民間事業者が使用しない一般的な公園園地部分（園路、植栽、照明等）については、収益性がほとんどないことから市が寄附を受け、本市と維持管理協定を締結することにより民間事業者が維持管理運営を一体的に実施することとした。また、イベント等のソフト事業を実施する際には市の行為許可が必要となる（図8-6）。

③事業者選定の経過等

本事業では事業者を1次審査と2次審査の2段階の審査を経て決定した。1次審査では、応募者に、天王寺公園全体についての基本的な考え方と、事業計画・管理運営計画の概要の提案を求め、天王寺・阿倍野地区全体の発展に向けた考え方に関する審査を行った。2014年（平成26年）1月より事業提案の募集を開始し4団体からの応募があった。応募者へのヒアリングや、「天王寺公園エントランスエリア魅力創造・管理運営事業予定者選定委員会」を設置し、辞退した1団体を除く、3団体を1次審査通過者に選定した。

2次審査では、1次審査通過者のみを対象に、事業内容の詳細な提案を求め、事業予定者の選定を行った。2014年（平成26年）8月より募集を開始し、1次審査を通過した3団体から応募があった。同年10月に選定委員会を開催し、その審査結果をふまえ、近鉄不動産株式会社に事業者を決定した。

2014年（平成26年）12月には「天王寺公園エントランスエリア魅力創造・管理運営事業協定書」が締結され、2015年（同27年）10月1日からの運用開始に向けて、同年4月より天王寺公園エントランス整備工事が着工された。

④事業の導入効果

「てんしば」の誕生により、老朽化の進みつつあった有料公園は、広がりと開放感のある憩いと交流のオープンスペースとして再生された。

これまで市では整備の困難であったカフェやレストランなどの便益施設やフットサルコートなどの運動施設も整備された。これらの施設の設置により、公園に新たな魅力が創出され、これらの施設を目的に公園を訪れる方も含め、老若男女、昼夜を問わず公園を多様に楽しめるようになり、周辺地域を含めた魅力と賑わいの創出につながっている。また、イベント等による賑わい、集客にも取り組んでおり、リニューアルオープン後の来園者は、大きく増加し、従前の約3倍となっている（図8-7）。

また、このような効果に加え、本事業は、大阪市にとって、対象区域

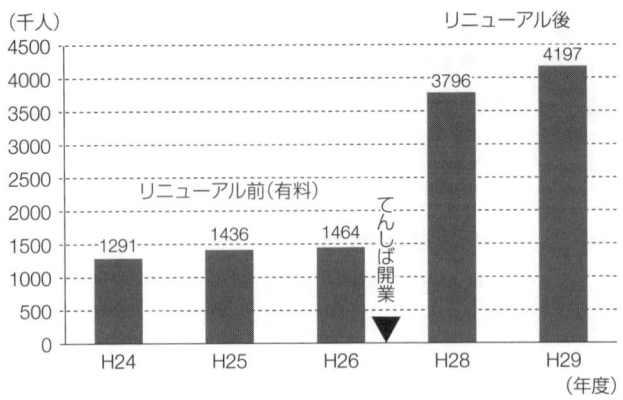

図8-7　天王寺公園エントランスエリア「てんしば」の入園者数の推移

の公園の再整備費用が不要となったこと、対象区域の維持管理、運営費用が不要となっていること（一部警備費の分担金を除く）、設置、管理許可したレストラン等の設置、管理許可した施設やイベント実施等による公園使用料が収入として納付されることなどから、結果として行政経費の削減にもつながっている。

Ⅱ．大阪城公園におけるパークマネジメント

1．既存施設の活用

　既存施設の事業として従来の売店をコンビニエンスストア形態に転換したパークローソンが2016年（平成28年）4月に大阪城公園駅前エリアに開業し、その後順次既存売店を改修整備した。森ノ宮売店については新設で整備を行ったが、計8か所の公園内売店がコンビニエンスストアに生まれ変わり、品数も豊富なうえ年中無休（梅林売店を除く）での営業となり来園者の利便性向上に寄与することができた。さらに西の丸庭園内にある1995年（同7年）の首脳会議「APEC'95」で各国首脳の会議場となった施設「大阪迎賓館」を改修整備して2016年（同28年）5月に予約制レストランとして開業し、天守閣を借景とした広大な芝生

図8-8　MIRAIZA OSAKA-JO（飲食・物販・体験施設）
（出所）竣工写真より

が拡がる西の丸庭園の情景とともに利用者に好評を博している。また2017年（同29年）10月には本丸にある旧陸軍第四師団司令部庁舎（もと大阪市立博物館）を耐震改修およびリノベーションを行った「MIRAIZA OSAKA-JO」が誕生し、1階は土産物を扱う物販店やカフェ、たこ焼きなど販売するコナモンバルに加えて展示室「特別史跡大坂城跡」を配置し、2・3階はレストランや陸軍時代の貴賓室を活用したカフェ、屋上は季節限定で天守閣が間近に見えるバーベキューレストランになっている（図8-8）。

2．新たな施設整備事業

訪日観光客の増加により、50台のバスが駐車できる既存の城南バス駐車場は、日々多くのバスが場外に待機列を作り、周辺道路の混雑を招いていた。そのため隣接していた普通車駐車場をバス駐車場に改修整備し、2016年（平成28年）1月に44台のバス駐車場を増設した。これに伴い、新たに大阪城公園駅前に171台の普通車駐車場を同年2月に整備した。さらに大阪城公園駅前エリアに2017年（同29年）6月には20店舗の飲食店やランナーのための利便施設、インフォメーションなどを備えた「JO-TERRACE OSAKA」が誕生した。JO-TERRACE OSAKA

図8-9　JO-TERRACE OSAKA（飲食・物販・利便施設）
（出所）竣工写真より

は大阪城公園駅へ直結するペデストリアンデッキとエレベーターも併せて整備し、これまで階段を利用してきた来園者にバリアフリー化を提供することができるようになった。また、同年12月には同エリア内に21番目のレストラン施設「キャッスルガーデン OSAKA」も誕生した（図8-9）。

森ノ宮エリアでは噴水エリアにおいて2018年（平成30）年4月にベーカリーカフェ「R Baker　大阪城店」、同年5月に大阪城公園で2店目のスターバックスとなる「スターバックスカフェ　大阪城公園森ノ宮店」、児童遊戯施設「ボーネルンド プレイヴィル 大阪城公園」が誕生、2019年（同31年）2月には大中小3つのホールからなる劇場型文化集客施設「COOL JAPAN PARK OSAKA」が誕生する予定となっている（図8-10）。

大阪城公園は立地に恵まれJR大阪城公園駅をはじめ、大阪メトロの大阪ビジネスパーク駅、森ノ宮駅、天満橋駅、谷町四丁目駅といった公共交通機関でアクセスできるものの、公園内の各入口から天守閣まで徒歩10～15分はかかり、行きは上り勾配も伴うため、高齢者などには特にその距離が課題であった。そのため、50人程度の定員の「ロードトレイン」（図8-11）と10人程度の「エレクトリックカー」による「園内

図8-10　COOL JAPAN PARK OSAKA（劇場型文化集客施設）
（出所）COOL JAPAN PARK OSAKA ホームページ（https://cjpo.jp/theater/）より

交通システム」を 2016 年（平成 28 年）7 月から運行している。

　内濠の中を金箔を貼った船で周遊する「大阪城御座船」、「重要文化財櫓の特別公開」や西の丸庭園や本丸内のポイントをまわりながら楽しむ謎解きゲーム等、周遊しながら大阪城公園の歴史的景観を楽しんでいただけるイベントや、大阪城の濠を泳ぐなど公園内を使用して競技する「大阪城トライアスロン」、豊臣秀吉の 7 回忌をしのんで行われたといわれる「豊国踊り」を本丸内で実施する等、さまざまなイベントを行い、公園内の賑わいや歴史的魅力の向上を図るための施策を展開している。

　以上挙げたように、さまざまな施策を行いながら民間ならではの柔軟な発想と機動力で観光地としてのハード、ソフトをともに整備していくことにより、歴史公園としての大阪城公園に新たな魅力が生まれるとと

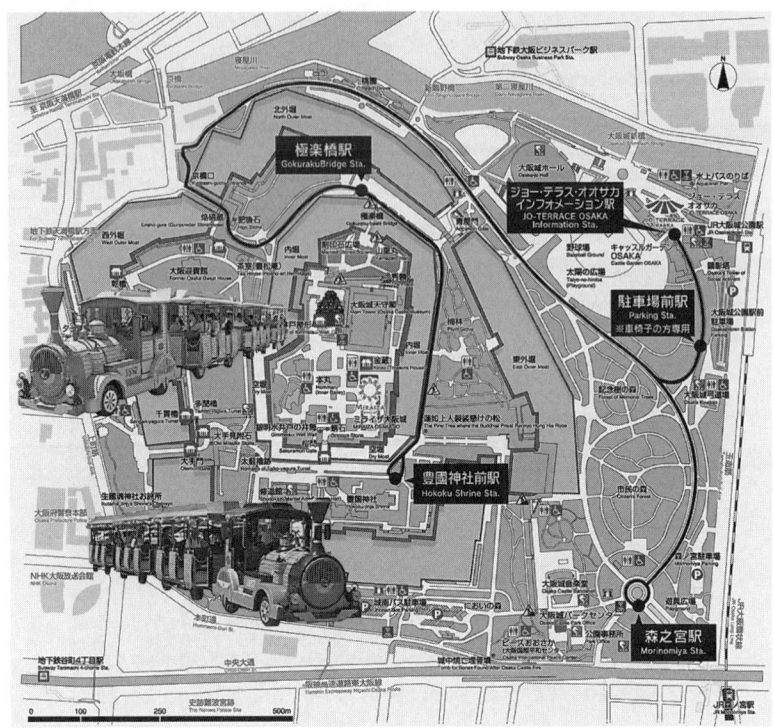

図8-11　園内交通システム（ロードトレイン）
(出所)大阪城パークセンターホームページ（https://osakacastlepark.jp/access/traffic_system.html）より

もに、一日ゆっくりと滞在できる観光地としての設えが整いつつある。また行政にとっては、これまでの公園管理は費用が発生するいわば赤字での運営であったものが、民間委託により逆に納付金という収益が生まれることになったわけである。これまでの指定管理者制度が事業者への代行料に頼っていた点からすると画期的な取り組みとして、さまざまな行政からの視察等も行われるなど、今後の公園管理における先進事例として評価されている。

Ⅲ．天王寺公園におけるパークマネジメント

　天王寺公園における事業スキームはシンプルで、20年間、近鉄不動

産株式会社が大阪市と事業・維持管理協定書を結び、管理運営を行う。内容的にはエリア内に4000平方メートル（㎡）を建築面積の上限として、公園利用者に便利な施設を設置運営する許可を得、賃貸事業等を行い、そこから公園使用料を市に収めるとともに、芝生、園路等は整備の上、寄付し、事業者が維持管理を行うというものだ（図8-12）。

事業コンセプトは「ここからいいことはじまる」である。

最大の特徴はエリア中央に設けた、7000㎡の芝生広場。コンペの条件では大阪市自らが中央に2500㎡の芝生広場を整備することになっていたが、コンペ条件を逸脱するかたちで大規模な芝生広場の設置を提案した。そしてその芝生広場へ市民を導くように、周囲に店舗を配置した。

建物も公園の緑にマッチするよう木造とし、ガラス面を大きく木部を前面に出し、かつ低層の建物にした（図8-13）。

芝生広場が特徴の公園ということで、庭園バーベキュー等、飲食施設については多くの引き合いがあり、青空でのイタリアンやヘルシーバーベキューなどをコンセプトにした店舗を4店設けた。また、公園らしい施設も導入したいと考え、お母さんたちが安心できる子どもの遊び場を提供する施設、スポーツ施設としてのフットサルコート、緑と親和性の高いフラワー・雑貨ショップ、そして動物愛好家向けに、ドッグランを

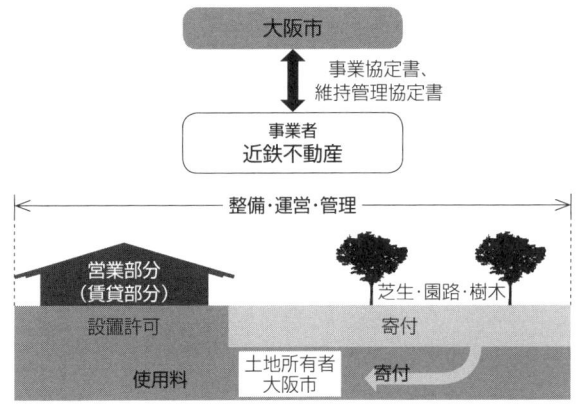

図8-12 「てんしば」の運営スキーム（事業期間20年）
（出所）近鉄不動産作成

図8-13　公園の緑にマッチした木造店舗
(出所)近鉄不動産撮影

併設したペットショップを誘致した。

　茶臼山にはエントランスエリア同様に利便施設としてのコンビニと、来園者の利便および一心寺、四天王寺など周辺への回遊拠点として駐車場を設けた。

　リニューアルしてちょうど1年が経過した時点での実績は、来場者が改修前の3倍を超える420万人、11施設の売り上げが11億22000万円であった。

　またハード面においては、ランドスケープの大胆さと官民の共同プロジェクトの側面が評価され、グッドデザイン賞の金賞を受賞した。

　開業後も新しい試みを継続しており、その1つとして、国際観光案内所、バス待合所を併設したゲストハウスを2016年(平成28年)11月にオープンさせた。ねらいは天王寺公園へのインバウンド顧客の誘致である。単なる観光案内所の設置だけでは、外国人を確実に集めることができないと考え、70ベッドと規模は大きくないが、バックパッカー等に向けたゲストハウスを設けた。宿泊した外国人の方々がSNSで「天王寺公園」を拡散してくれることを期待している。

　さらに2017年(平成29年)4月、動物園寄りのエリアに2店舗を追加開業した。これは想定していた年間300万人をはるかに上回る420万

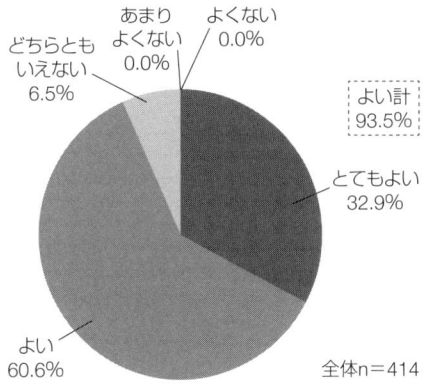

図8-14　てんしばの総合評価
（出所）来場者アンケート（2017年3月実施）より

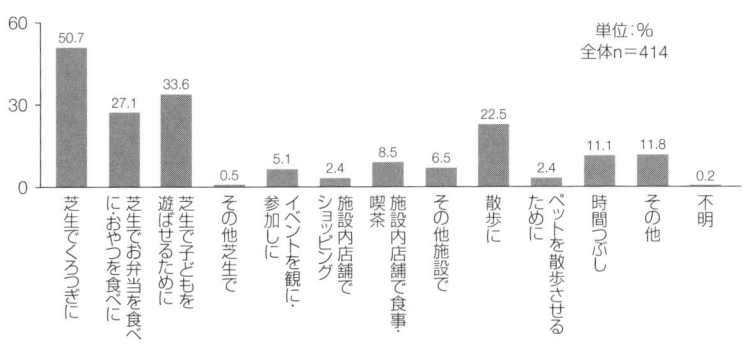

図8-15　てんしば来場者の利用目的
（出所）来場者アンケート（2017年3月実施）より

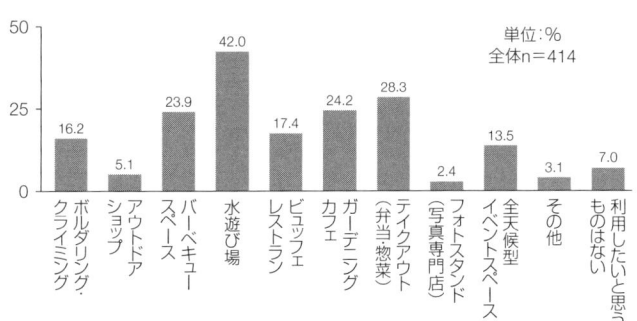

図8-16　あれば利用したい施設・店舗
（出所）来場者アンケート（2017年3月実施）より

第8章｜大阪市のパークマネジメント　133

図8-17　整備前と整備後の様子の比較

人に来場いただけたことから、ターミナルから離れた場所であるエリアに、動物園、美術館への回遊強化も兼ねて設置するものである。海産物を中心にしたバーベキューレストランと地元の農産物など、特産品を売る店舗を開業した。地域にお住まいの方はもちろんのこと、大阪郊外の方、さらには海外からの方もくつろぎ、楽しめる空間・公園として、今後も知恵を絞っていきたい。

　2017年（平成29年）春に今後の公園運営向上のため、来場者アンケートを実施した。総合評価では9割を超える方に「よい」という声をいただき、また公園の目玉と位置づけている芝生広場についても、「芝生目的に来た」という方が7割近くとなっていることから、一定の評価は得たと考えている。ただし「水遊び場」や「木陰」などの環境整備が必要であることや、ファミリーなどが利用しやすいテイクアウトショップなどを希望されていることがわかった（図8-14、図8-15、図8-16）。

　整備前と整備後の様子を比較すると（図8-17）。大きな違いは、単に無料開放し、芝生というくつろげる空間を広げたことだが、これにより非日常空間であった公園が、日常空間に戻ったのではないかと考えている。

　このたびの整備を通じ、都市公園は、非日常を提供する有料のテーマ

パークではなく、市民が日常のなかで、憩い、安らぎを感じられる空間でなければならないと実感した。

Ⅳ．大規模公園での公民連携の取り組み

1．指定管理者制度の導入

(1) 指定管理者制度の概要

2003年（平成15年）6月の地方自治法の改正により、公の施設（地方自治法〔昭和22年法律第67号〕第244条第1項に規定する公の施設をいう。以下同じ。）の管理について、地方公共団体が指定する指定管理者に管理を代行させる指定管理者制度が導入された（地方自治法第244条の2）。

この制度は、総務省の「指定管理者制度の運用について（平成22年12月28日）」によれば、住民の福祉を増進する目的をもって利用に供するための施設である公の施設について、民間事業者が有するノウハウを活用することにより、住民サービスの質の向上を図っていくことで、施設の設置の目的を効果的に達成するために導入されたものであり、大阪市契約管財局の「指定管理者制度の導入及び運用に係るガイドライン 平成29年12月（改訂版）」によれば、多様化する住民ニーズにより効果的効率的に対応するため、公の施設の管理について民間の能力を活用して住民サービスの向上を図るとともに、経費の縮減等を図ることを目的として導入されたものである。指定管理者制度は、公の施設の管理に関する権限を指定管理者に委任して行わせるものである。

また、指定管理者の範囲についても特段の制約を設けず、出資団体に限定されない民間事業者等も市会における指定の議決を経て指定管理者となることができる。

(2) 本市公園における指定管理者制度の導入経過

2003年（平成15年）の地方自治法改正とそれに伴う総務省通知においては、「指定管理者の指定の手続き、指定管理者が行う管理の基準及び業務の範囲その他必要な事項」を設置条例において定めることとされた。これを受けて大阪市では総務局において「公の施設の指定管理者の

指定の手続き等に関する指針」が策定され、「公の施設の管理を指定管理者に行わせようとする場合は、施設の設置条例を改正（制定）したうえで、指定管理者を選定し、指定管理者の指定に係る議案について議会の議決を経る必要がある」との対応が示された。また、地方自治法改正時に管理委託制度をとっていた公の施設については、管理委託制度から指定管理者制度への移行が必要となり、制度移行までの経過期間として3年間が設定された。

指定管理者制度の導入にあたり、本市では、当時管理委託制度により管理運営を行っていた「咲くやこの花館」「長居植物園」「鶴見緑地パークゴルフ場」の3施設について、2005年度（平成17年度）に条例改正・指定議決を経て、2006年度（同18年度）より指定管理者制度に移行・導入することとなった。募集方法は公募に係る条件整備に十分な時間をかける必要があると判断し、「咲くやこの花館」「長居植物園」は非公募とした。「鶴見緑地パークゴルフ場」については当初より公募にて募集を行い、指定期間は4年間であった。

当初は2年間非公募とした指定管理者募集であったが、制度の趣旨に鑑み、2008年度（平成20年度）からは公募による指定管理者募集を行うこととなった。

また、それと同時に従来直営で維持管理してきた一般園地や民間事業者に維持管理を業務委託していた施設についても、公の施設の管理運営手法の見直しを進めるなかで指定管理者制度導入について具体的に検討された。

さらに、もともと公園内には運動施設を数多く配置していることから、一般園地と運動施設を一体的に管理運営する事業者を募集する枠組みが検討され、その結果、2008年度（平成20年度）の指定管理者の募集では、長居公園と八幡屋公園については一般園地と運動施設を一括公募することとなった（表8-1）。

(3) 鶴見緑地における指定管理者制度導入

1990年（平成2年）の「国際花と緑の博覧会（以下、「花博」）」の会場となった鶴見緑地では、花博後にスポーツ施設、乗馬苑、ホール、バー

表8−1　指定管理者制度導入公園・公園施設（H20 年度公募初期）

募集名称	長居公園および長居陸上競技場ほか7施設指定管理者募集
対象施設	長居公園・長居植物園・長居運動場・長居陸上競技場・長居第2陸上競技場・長居球技場・長居プール（平成21年度より）・長居庭球場・長居相撲場
事業期間	H20.4.1～H24.3.31
募集方法	公募
その他	公園内の長居ユースホステル、障がい者スポーツセンター、長居公園地下駐車場、自然史博物館は管理対象外とする。 長居陸上競技場・長居第2陸上競技場・長居球技場・長居プール・長居庭球場・長居相撲場は経済戦略局所管施設。
募集名称	八幡屋公園および大阪市中央体育館ほか1施設指定管理者募集
対象施設	八幡屋公園、大阪市中央体育館、大阪プール
事業期間	H20.4.1～H24.3.31
募集方法	公募
その他	大阪市中央体育館、大阪プールは経済戦略局所管施設
募集名称	咲くやこの花館指定管理者募集
対象施設	咲くやこの花館
事業期間	H20.4.1～H24.3.31
募集方法	公募

ベキュー場などさまざまな有料施設が整備された。多くの有料施設が公園敷地内に設置されていたことから、指定管理者制度導入の対象として検討され、2015 年度（同 27 年度）に導入することとなった。2014 年度（同 26 年度）に大阪城公園と同時に指定管理代行公園・施設の条例改正を行い、事業者募集を行った。募集に際しては、すでに指定管理者制度を導入していた鶴見緑地パークゴルフ場に加えて、スケールメリットや一体的管理によるサービス向上が見込まれることから、鶴見緑地内にあるスポーツ施設 3 施設（運動場、庭球場、球技場）と一括して管理運営を行うこととした。

　事業期間は、2013 年度（平成 25 年度）の指定管理者制度ガイドラインの改正にともない 5 年とした。なお、咲くやこの花館については、第 2 期の公募期間終了が 2015 年度（同 27 年度）であるため、事業期間は 2016 年度（同 28 年度）から 2020 年度（同 32 年度）の 4 年間とした。

　なお、鶴見緑地公園内には経済戦略局所管の鶴見緑地プールおよび鶴見緑地スポーツセンターがあるが、これらの施設は 1 区 1 館施設の整理統合の課題整理中のため、一括公募の対象からはずし、別途公募を行う

表8-2　鶴見緑地における指定管理者制度導入施設（H27年度～）

募集名称	鶴見緑地および咲くやこの花館ほか6施設指定管理者募集
対象施設	鶴見緑地、咲くやこの花館（平成28年度より）、鶴見緑地馬場、鶴見緑地野外卓、水の館ホール、陳列館ホール、鶴見緑地パークゴルフ場、茶室むらさき亭
事業期間	H27.4.1～H32.3.31
募集方法	公募
その他	公園内の経済戦略局所管3施設の公募事業者と同時に選定

図8-18　鶴見緑地
（出所）大阪市提供

こととなった（表8-2、図8-18）。

(4) 長居公園・八幡屋公園における指定管理者（公募3回目）の選定

　2016年度（平成28年度）からの長居公園、八幡屋公園の指定管理者の再選定に当たり、これまでの指定管理者における維持管理状態が一定評価できるものという認識のもと、募集対象となる施設は大きく変えず、長居公園・八幡屋公園という大阪南部、西部を代表する大公園のポテンシャルを引き出すため、指定管理者の実施事業の提案を積極的に認め収入確保への道を開き、ひいては代行料の縮減を実現するような枠組みの検討が求められた（表8-3、表8-4）。

　なお、従来一括公募に含まれていた経済戦略局の長居プールについては、2015年度（平成27年度）の鶴見緑地プールと同様、一括公募の対象から外し、別途公募を行うこととなった（表8-3）。

表8-3 長居公園における指定管理者制度導入施設(H28年度～)

募集名称	長居公園、長居陸上競技場及び長居公園地下駐車場ほか6施設指定管理者募集
対象施設	長居公園・長居植物園・長居運動場・長居陸上競技場・長居第2陸上競技場・長居球技場・長居庭球場・長居相撲場・長居公園地下駐車場
事業期間	H28.4.1～H33.3.31
募集方法	公募
その他	長居ユースホステル、障がい者スポーツセンター、長居プール、自然史博物館は管理対象外とする。 長居陸上競技場・長居第2陸上競技場・長居球技場・長居庭球場・長居相撲場は経済戦略局所管施設。

表8-4 八幡屋公園における指定管理者制度導入施設(H28年度～)

募集名称	八幡屋公園および大阪市中央体育館ほか1施設指定管理者募集
対象施設	八幡屋公園、大阪市中央体育館、大阪プール
事業期間	H28.4.1～H33.3.31
募集方法	公募
その他	大阪市中央体育館、大阪プールは経済戦略局所管施設。

　2016年度（平成28年度）の再選定に際し長居公園では、長居公園地下駐車場・長居公園駐車場（南駐車場・中央駐車場）を対象施設に加えている。

　長居公園地下駐車場は、2002年（平成14年）FIFAワールドカップ誘致に際し、公園地下に有料道路事業を活用して公園駐車場としての機能も兼ね備えた駐車場（公園と道路の用を兼ねる兼用工作物）を設置することとなり、1999年（同11年）に道路公社が建設したものであった。

　その後地下駐車場は、所管していた道路公社解散に伴う市立駐車場への移管を経て、指定期間の終了時期が長居公園全体の終了時期と一致したタイミングをもって園地との一体管理、一括公募を実施することでより利用者のサービス向上、スケールメリットによる管理経費の縮減を見込めるものとして一括公募を行うこととしたものである。

2．中之島公園における民間活力の導入

(1) 中之島公園の再整備

　中之島公園は、1891年（明治24年）に開設した大阪市で第1号の都

市公園であり、南北を堂島川と土佐堀川に挟まれた水辺の公園である。

周辺には中央公会堂や府立中之島図書館、東洋陶磁美術館などの重厚な建築物が点在し、木々の緑と川とが一体となった美しい景観を形成している。

園内にはバラ園や、ケヤキ、ツバキ、ツツジなどが植えられており、市民のやすらぎと憩いの場となっている。

大阪市では、中之島周辺での水都大阪の再生に向けたさまざまな水辺整備事業や京阪中之島線の開通にあわせ、歴史・文化・自然と人々が織りなす水都大阪の新名所"中之島水上公園"を創出するため、2007年（平成19年）7月に「中之島公園再整備基本計画」を策定した。

この基本計画のなかでは、難波橋から栴檀木橋にわたる「水辺の文化・芸術交流ゾーン」内に「文化力の向上に寄与し公園利用を活性化させる施設（以下「サービス施設」という）」を設置するとともに、再整備で新しく生まれ変わるバラ園内に、水面への眺望とバラ両方を楽しみながら飲食のできるレストランを設置することとした。

2007年（平成19年）より、中之島公園の立地特性や歴史的、文化的な資産と豊かな水・緑などの自然を活かした「中之島水上公園」の創出を基本理念とし、中之島公園全体を3つのエリアに区分し、それぞれのエリアに特色をもたせた再整備事業を実施した。

2007年（平成19年）頃、中之島地区については、当時整備中であった京阪中之島線により交通利便性の向上が見込まれると同時に、国際会議場や国立国際美術館等の建設による国際的な文化ゾーンの形成や民間オフィスビルの建設などが進んでおり、本市の都市再生を牽引するエリアとなっていた。

このような状況のもと、中之島地区を大阪の発展を誘導する、活力と想像力に満ちた拠点とするため、中之島公園の再整備に着手し、中之島地区の活性化を促進することとした。

この再整備事業は、中之島地区が国際都市大阪のシンボルであり、また、水都大阪のシンボルとなるポテンシャルをもつ地区であることから、中之島公園において、水と緑が調和したゆとりと風格のある快適な都市

図8-19 中之島公園の再整備イメージ
(出所)大阪市提供

空間を創出するとともに、うるおいのある水辺景観を形成するものである（図 8-19）。

(2) 民間事業者による施設整備・運営

前述の「中之島公園再整備基本計画」に基づき、民間事業者がサービス施設及びレストランを設置・運営することになった。

本事業は、民間事業者の優れた企画力、経営能力等を活かした事業提案に基づき、効率的かつ効果的に魅力あるサービス施設と新しいバラ園にふさわしい魅力あるレストランの整備及び管理運営を行うものであり、2009 年（平成 21 年）5 月～7 月に募集要項を配布して事業者募集した。

その後選定委員会の審査を経て、同年 9 月に「中之島水辺協議会」[1]の認定を受けて、サービス施設とレストランの事業者が各々決定し、事業が開始された（図 8-20、図 8-21）。

3．鶴見緑地（駅前エリア）における民間活力の導入

2008 年度（平成 20 年度）に「鶴見緑地駅前エリア整備基本計画検討会議」での提言を受けて、駅前エリア整備の基本計画をとりまとめた。

基本計画では、駅前のポテンシャルを活かした新たな公園の魅力や賑

図8-20　サービス施設（GARB WEEKS）
（出所）施設オープン後に撮影（大阪市提供）

図8-21　レストラン（"R"RIVERSIDE GRILL & BEER GARDEN）
（出所）施設オープン後に撮影（大阪市提供）

わいの創出、鶴見緑地の各施設と連携した全体の魅力向上への寄与などを基本コンセプトとしている。また、事業化に向けた基本的な考え方として、多様な市民ニーズへの対応や早期整備に向けて、民間事業者の公募による公園の整備・管理運営を図っていくこととしている。

この基本計画をもとに、民間事業者の優れた企画力、経営能力等を活かし、効率的かつ効果的で魅力のある駅前エリアの整備・管理運営を行う民間事業者を、2012年（平成24年）1月および2013年（同25年）11月に事業者を公募しており、2014年（同26年）および2016年（同28年）から決定した事業者が事業を実施している（図8-22）。

- ●「南地区：約2.8ha」と「北地区：約1.3ha」を公募
　　　　　　　　　　　　　　（第1期：平成24年1月）
- ●事業者決定と事業内容
　①スポーツ・健康増進施設（平成26年6月運営開始）
　②フットサル施設（平成26年4月運営開始）
　③コンビニエンスストア（平成26年4月運営開始）

- ●「南地区：約0.6ha」と「北地区：約1.1ha」）を再公募
　　　　　　　　　　　　　　（第2期：平成25年11月）
- ●事業者決定と事業内容
　④あそび創造広場（平成28年4月運営開始）
　⑤ドッグラン（平成26年12月運営開始）

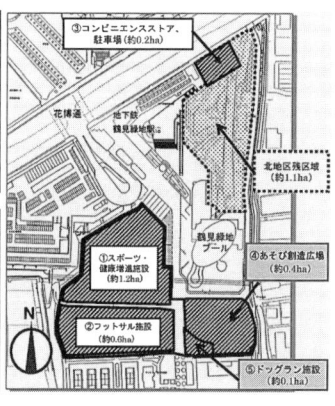

図8-22　事業者提案場所
(出所)大阪建設局(2018)「鶴見緑地駅前エリアの民間事業者公募による整備について」平成29年度　大阪市建設局業務論文集より一部修正

4．今後のパークマネジメントの方向性

(1) 大規模公園の今後について

　大阪市では、前述の中之島公園や鶴見緑地（駅前エリア）などのように、民間事業者が公園内に施設整備する手法だけでなく、大阪城公園のように、指定管理者が公園全体を一体的にマネジメントする仕組みとして、指定管理者自らが投資し、新しい賑わい施設の整備など魅力向上事業も実施することができる、民間活力導入の取組みも進めてきており、施設の魅力向上や公園全体の活性化さらには都市の活性化など一定の成果が見られることから、他の公園にも取組みを広げていきたいと考えている。

　この取組みを進めるに当たっては、各公園のもつ立地や特性を勘案したコンセプトを設定した上で、民間活力の導入の可能性を把握し、公園ごとに適切な管理運営のあり方について検討を進めることにしている。

　本節では、現在、検討を進めている鶴見緑地の再生・魅力向上の取組みおよび長居公園の活性化に向けた取組みについて紹介する。

(2) 鶴見緑地の再生・魅力向上事業

　鶴見緑地は、市制100周年記念事業のメインイベントとして、1990年（平成2年）に、人類の普遍的な目標である「自然と人間との共生」をテーマとした「花博」が開催された。

2020年度（平成32年度）には、花博開催30周年を迎えると同時に、指定管理者の更新時期となる。

こうした状況のなか、大阪市では、より積極的な民間活力の導入を図り、花博の理念の継承を基本としながら、鶴見緑地のポテンシャルを活かすことで魅力を最大限に引き出し、近年の利用者ニーズを捉えた鶴見緑地の再生を実現したいとの考えから、民間活力の導入を図ることとした。

事業者公募に先立ち、鶴見緑地の活性化に向けどのような事業が可能か、また、民間の自由な発想に基づく幅広い事業アイデア、さらに、事業条件についての民間の意向等を把握し、事業者公募における条件整備の参考とするために、2017年（平成29年）8月からマーケットサウンディングを実施し、2018年（同30年）1月に結果（14団体から提案書提出）を公表している。

2018年（平成30年）5月には、鶴見緑地を取り巻く状況を今日的・将来的視点として捉え、その視点をもって「鶴見緑地みらい計画への提言」[2]と鶴見緑地が有するポテンシャルを分析し、鶴見緑地のめざすべき姿とその実現のために新たに求められる要素を、「鶴見緑地再生・魅力向上計画（素案）」としてとりまとめた。

さらに、2018年（平成30年）12月には、この素案をより発展させ、鶴見緑地の将来像と基本方針、持続可能な発展を実現するための取組、既存施設の利活用の考え方などを、「鶴見緑地再生・魅力向上計画（案）」としてとりまとめており、2019年（同31年）1月までパブリック・コメントを実施している。

今後は、新たな管理運営事業者を公募するための募集要領を作成し、2019年（平成31年）に新たな管理運営事業者を公募・決定し、2020年度（同32年度）から新たな管理運営事業者による鶴見緑地の運営を開始する。

(3) 長居公園の活性化の取り組み

長居公園についても、2021年度（平成33年度）に指定管理者の更新時期を迎えることから、次期管理運営事業者の公募条件を検討するのに

先立ち、長居公園の活性化につながる、民間の自由な発想に基づく幅広い事業アイデアや、事業条件についての民間の意向等を把握することを目的に、2018年（同30年）7月からマーケットサウンディングを実施し、同年10月に結果（8団体から提案書提出）を公表している。

今後は、マーケットサウンディングの結果等を参考とし、2019年度（平成31年度）に運営手法などの検討、募集要項を整理し、2020年度（同32年度）に新たな管理運営事業者を公募・決定し、2021年度（同33年度）から新たな管理運営事業者による長居公園の運営を開始する。

注

Ⅳ.
1) 水都大阪の再生を実現するため、民間と行政が連携し、中之島地区等における河川空間を活用して「水都大阪」にふさわしい都市空間を創造することを目的として設置されたもので、行政、民間団体、学識経験者等により構成されている。
2) 「国際花と緑の博覧会」終了後の鶴見緑地を21世紀にふさわしい姿とするため、1988年（昭和63年）に大阪市が設置した「鶴見緑地みらい計画懇話会」からいただいた提言。大阪市では本提言の趣旨を踏まえ、基本整備計画を作成し、これまで鶴見緑地の整備を進めてきている。

参考文献

Ⅰ.
大阪市経済戦略局・建設局（2014）「天王寺公園エントランスエリア魅力創造・管理運営事業者募集要項（2次提案募集要項）」(http://www.city.osaka.lg.jp/keizaisenryaku/page/0000249808.html)。
大阪市経済戦略局・建設局・教育委員会事務局（2014）「大阪城公園パークマネジメント事業者（大阪城公園及び他5施設の指定管理者）募集要項」(http://www.city.osaka.lg.jp/keizaisenryaku/page/0000271008.html)。

大阪市契約管財局（2017）「指定管理者制度の導入及び運用に係るガイドライン（平成29年12月改訂版）」11頁 (http://www.city.osaka.lg.jp/keiyakukanzai/page/0000162085.html)。
大阪府府民文化部都市魅力創造局・大阪市ゆとりとみどり振興局（2012）「大阪都市魅力創造戦略」(http://www.pref.osaka.lg.jp/attach/18716/00000000/sozosenryakuan.pdf)。

Ⅳ.
大阪市建設局（2014）「鶴見緑地駅前エリアの民間事業者公募による整備について」平成25年度大阪市建設局業務論文集。
大阪市建設局（2016）「長居公園・八幡屋公園における指定管理者の選定について」平成27年度大阪市建設局業務論文集。
大阪市建設局（2017）「鶴見緑地への指定管理者制度の導入について」大阪市建設局主要事業報告集 No.5。
大阪市建設局（2018）「鶴見緑地駅前エリアの民間事業者公募による整備について」平成29年度大阪市建設局業務論文集。
大阪市契約管財局（2017）「指定管理者制度の導入及び運用に係るガイドライン（平成29年12月改訂版）」。

第9章

うめきたイノベーションエコシステムとエリアマネジメントの構築

Ⅰ．うめきたのまちづくり

1．うめきた地区のポテンシャルと歴史

　大阪駅北地区（2011年2月地区名称公募の結果、うめきた地区に決定）は、JR大阪駅の北に広がる約24ヘクタール（ha）の旧国鉄の梅田貨物ヤードにおいて展開されている都市再生事業であり、関西国際空港・伊丹空港・神戸空港の3つの空港、新幹線、JR・私鉄等充実した交通網の中心に位置し、利便性が極めて高く、国土軸における重要な関西の広域中枢拠点となっている。

　その中心となる大阪（梅田）駅はJR・阪急・阪神・地下鉄3線が乗り入れ、1日250万人の乗降客が行き交う西日本最大のターミナルである。また、このうめきた地区の開発により、新大阪駅から関西国際空港へ行く特急「はるか」の新駅が設置されることになる（図9-1）。

　新橋～横浜間の日本初の鉄道開業から遅れること2年、大阪～神戸間の鉄道開通で梅田駅が開設されたのは1874年（明治7年）である。1928年（昭和3年）に「梅田貨物駅」が開業し、旅客駅は「大阪駅」、貨物駅は「梅田駅」と呼ばれるようになった。当時の梅田周辺は、今の賑わいから想像もつかない人気の少ない湿地帯であった。このことはうめだの語源が「埋め田」であることからも推測できる。鉄道開業時は、汽車による煙の害を恐れて、鉄道駅は町の外れに設けられることが多く、大阪も当時の市街地から離れた現在の場所に駅が設けられた。

　1960年（昭和35年）頃まで梅田貨物駅には掘割水路があり、当駅は

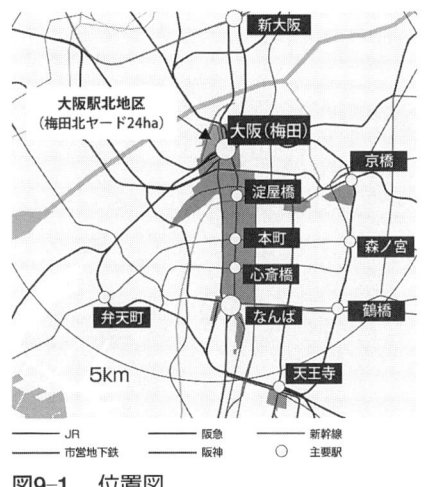

図9-1　位置図
(出所)UR都市機構「うめきた先行開発区域—まちづくり事業誌」より

　かつては運河を利用した船による水上貨物と鉄道貨物が集散され、貨物駅としては東京の汐留駅と並ぶ一大拠点であった。1959年（同34年）にわが国で初めてコンテナ輸送が開始され、一時期は貨物取扱量360万トンを扱ったこともあり、1984年（同59年）頃までは全国一の取扱収入を上げていた。

　1987年（昭和62年）国鉄分割民営化の方針が打ち出され、梅田貨物駅は日本国有鉄道清算事業団（現、鉄道建設・運輸施設整備支援機構、以下、鉄道・運輸機構）の所有とされ、土地を売却して国鉄長期債務の返済に充てられる清算対象となった。これに伴い貨物駅機能は吹田操車場跡地に移転する計画となったが、移転先の反対運動などを受けて移転が決まらず、跡地についてもさまざまな検討がなされてきたが、事業化には至らなかった。1999年（平成11年）に貨物機能の半分を吹田操車場跡地（現、吹田貨物ターミナル駅）に、2003年（同15年）には残り半分を百済駅（大阪市東住吉区、現、百済貨物ターミナル駅）へ移転する方針が確定した。2005年（同17年）に先行開発区域の更地化工事が着手され、これにより約7haの更地化が2008年（同20年）に完成した。2013年（同25年）

図9-2　事業前の状況(2004年)
(出所)UR都市機構「うめきた先行開発区域―まちづくり事業誌」より

には機能移転が完了し、梅田貨物駅は廃止された(図9-2)。

2. 都市再生緊急整備地域の指定

　1998年(平成10年)頃は、わが国は経済活力の低下に直面しており、都市構造の再編を図ることが都市行政の重要なテーマとして挙げられていた。このため建設省(現、国土交通省)は、都市構造再編を図るための制度検討やモデル地区の選定を進めており、1999年(同11年)にうめきた地区を含む約190haを都市再生総合整備事業の特定地区に指定した。さらに、2001年(同13年)には閣議決定された緊急経済対策の一環として、内閣に都市再生本部が設置され、わが国の都市再生が始まった。

　2002年(平成14年)1月に、大阪市は当地区の都市再生についてUR都市機構にコーディネート業務を要請し、国、大阪市、関西経済界およびUR都市機構は共同で開発検討を重ね、同年7月に、大阪都心地域(約490ha)が都市再生特別措置法(2002年5月制定)に基づく「都市再生緊急整備地域」に指定された。大阪都心地域においては、大阪の北の玄関口である大阪駅、水の都・大阪のシンボルである中之島、大阪のメイン

図9-3　都市再生緊急整備地域
(出所)UR都市機構「うめきた先行開発区域—まちづくり事業誌」より

ストリートである御堂筋沿道を中心とし、既存の都市基盤の蓄積等を活かしつつ、風格のある国際的な中枢都市機能集積地の形成を目指すこととされた。特に、大阪駅周辺においては「梅田貨物駅を早急に移転し、その跡地の土地利用転換により先導的な多機能拠点を形成すること」と示されている。これにより、うめきた地区はわが国の喫緊の課題である都市再生のリーディングプロジェクトとして、公民が連携してまちづくりに取り組むことが位置づけられた（図9-3）。

また、梅田貨物駅の更地化を2段階で進めることが決定され、うめきた地区全体約24haのうち梅田貨物駅機能に支障のない東側約7haを先行開発区域とした。

3．国際コンセプトコンペの実施

2002年（平成14年）9月から、まちづくりのコンセプトを広く世界から求める「大阪駅北地区国際コンセプトコンペ」が実施された。うめきた地区の有する可能性を最大限に生かし、21世紀のモデルとなるような、美しく、活力と風格のあるまちづくりを目指し、また大阪や京阪神都市

〈優秀賞〉

「Metropolitan Compost(メトロポリタンコンポスト)
〜平成のまちづくり〜」
淀川から水路を引いて、街をかなりフレキシブルにコンポスト化して作り、街の発展にあわせて更新もうまくできるようにするというもの。桜並木を街全体に植え、その並木を淀川までつないでいくという提案。
●提案者：林　直樹(日本)ほか6名

〈優秀賞〉

「創と奏の水都(すいと)　〜浪速の万華鏡ルネッサンス〜」
水路に浮かぶ6つの島をイメージした「水都」の絵が描かれている。水路に浮べたボートで街を行き交うという大胆な発想であるが、水都大阪の新しいまちづくりが評価された。
●提案者：白井　順二(日本)ほか7名

〈優秀賞〉

「再生・創生・バランス・調和・融合」
森を街に取り込んで高層ビル群の間に大きなオープンスペースを設け、ビルの外だけでなく内部にも上部にも緑を取り込むという提案で、大変ユニークな発想が評価された。
●提案者：マリオ ロベルト アルバレス(アルゼンチン)ほか1名

〈佳作〉

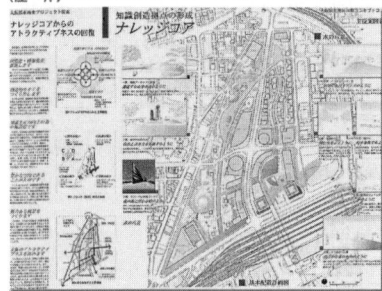

「知識創造拠点の形成　ナレッジコア」
後に策定される大阪駅北地区の中心的施設となる「知的創造活動の拠点ナレッジ・キャピタルづくり」の基本的な考え方に通じる「知識創造拠点の形成ナレッジコア」を提案。「知」に関する導入機能の提案内容が評価された。
●提案者：小林　敬一(日本)

図9-4　国際コンセプトコンペ作品内容(一部抜粋)
(出所)大阪駅北地区国際コンセプトコンペ実行委員会提供

圏のさらなる発展の牽引役を担い、わが国の経済活性化や国際競争力向上に寄与する拠点形成の実現のため、多様で独創的なアイデアや実現性の高い提案が寄せられることが期待された。

　コンペの実施の結果、世界52か国から966点（国内603点、国外363点）

の作品が寄せられ、数回にわたり審査委員会が開催された。段階的に絞り込まれて作品が選ばれ、最終的に2003年（平成15年）3月末、優秀賞3点と佳作5点が選出された。優秀賞の作品では、淀川から水路を引き桜並木でつなぎ、街の発展にあわせた更新の提案や、水都大阪をイメージし、水路に浮かぶ6つの島をボートで行き交うという大胆な発想があり、なかでも森を街に取り込み、大きなオープンスペースを設けるユニークなアイデアは、うめきた2期開発におけるまちづくりの目標である「みどり」のさきがけであったともいえる。また、佳作として選ばれた作品であるが、のちのまちづくり全体構想の中核機能となるナレッジ・キャピタルの基本的な考え方の起因となった「知識創造拠点の形成 ナレッジコア」が提案された（図9-4）。

4．まちづくりの全体構想と産官学の推進体制

　2003年（平成15年）10月に、世界中から寄せられた国際コンセプトコンペの提案を踏まえて、梅田貨物駅を中心とする約24haの用地およびその周辺地域のまちづくりの基本的な方向性を示す「大阪駅北地区全体構想」がまとめられた。

　構想づくりに際しては、大阪市とUR都市機構が事務局となり、学識経験者や国、鉄道・運輸機構ならびに関係機関の参画を得た「大阪駅北地区全体構想策定委員会」（委員長：村橋正武立命館大学教授）において検討を重ね素案がまとめられた。この素案を大阪市が「大阪駅地区都市再生懇談会」（座長：秋山喜久関西経済連合会会長）に諮ったのち、承認を受け全体構想として取りまとめられた（表9-1）。

　この構想では、道路や広場などの都市基盤施設や民間による開発など、公民協働して当地区の一体的なまちづくりを進めるための前提となる基本的な考え方が提示されている。さらに、この構想の実現に向け事業上の課題等について関係機関と協議しつつ、民間と公共が一体となって効果的なまちづくりを推進していくという大阪市の方針が打ち出されている。

　土地利用の方針としては表9-1のとおり大きく4つの方針に、また、

表9-1　土地利用の方針（大阪駅北地区全体構想）

(1) 都心の再生と人間中心の視点
　大阪駅周辺地区の既存の都市集積と一体となって、環境変化への対応性などを有する持続可能なまち
(2) 多機能複合型土地利用の促進
　商業、業務、文化、研究開発、住居など多様な機能が共存し、効率や利便性を相乗的に高める多機能複合型土地利用
(3) 土地利用ゾーンの方向性
　先行開発区域は、新産業、ビジネス、知の情報発信を基軸とする中核機能を集積させ、駅前広場を整備し、地区の玄関口としてふさわしい賑わいを創出
(4) 立体的土地利用による新しい都市空間づくり
　地下や地上付近での建物間や街区間の回遊性や賑わいを創出、階層状に機能を配置

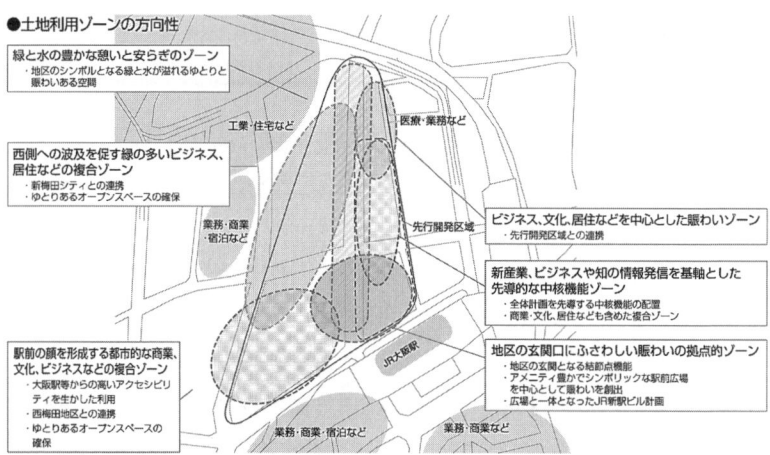

図9-5　土地利用ゾーンの方向性
(出所) 大阪市「大阪駅北地区全体構想」より

　その方針に基づいた土地利用の方向性は図9-5のとおり具体的な用途や機能がまとめられた。
　うめきた地区のプロジェクトの推進には、関西の産官学が総力を結集して取り組む必要があった。そのため、全体構想に基づき、計画策定、事業化方策、まちの管理・運営などについて検討・協議し、その基本的方針の合意を図り、プロジェクト等を推進する主体として、2004年（平成16年）3月に「大阪駅北地区まちづくり推進協議会」が設立された。会長には關淳一大阪市長が就任し、学界、経済界、行政、地権者、UR

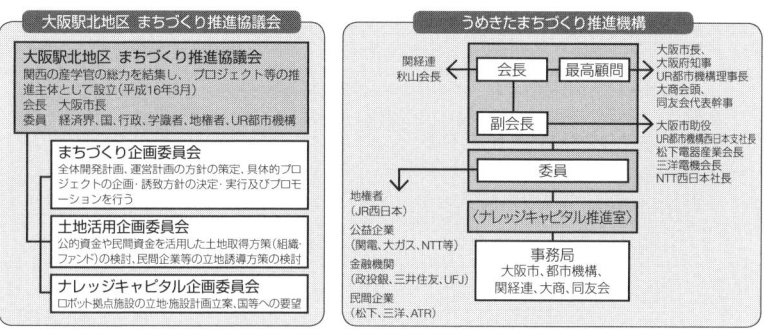

図9-6 まちづくりの推進体制
(出所)UR都市機構「うめきた先行開発区域—まちづくり事業誌」より

都市機構等が参画した。

そして、まちづくり推進協議会で位置づけられたコンセプトや開発計画を実現するための実行組織として、2004年（平成16年）11月に「大阪駅北地区まちづくり推進機構（現、うめきたまちづくり推進機構）」が設立された。会長に秋山喜久関西経済連合会会長が就任し、経済界、企業、行政、都市再生機構等が参画した。主な事業として、ナショナルプロジェクトとしてふさわしい施設の企画や誘致、一体開発を誘導するための企画や調整等を掲げ、さらに、ナレッジ・キャピタル推進室を設置しナレッジ・キャピタル実現へ向けて、企画・誘致活動を行った（図9-6）。

5．まちづくり基本計画の策定

2004年（平成16年）7月に、まちづくり推進協議会においての全体構想の具体化や事業化についての議論を踏まえて、大阪市は、まちづくりの基本方針の素案を作成し、まちづくり推進協議会で承認されたものを「大阪駅北地区まちづくり基本計画」としてとりまとめた。

基本計画では、まちづくりの5つの柱を基本方針として、8つのゾーンおよび2本の空間軸で土地利用ゾーニングが構成された。

5つの柱と8つのゾーンのなかに、地区の中核機能として未来の知的創造拠点（ナレッジ・キャピタル）の形成が位置づけられ、人・情報・

表9-2　まちづくりの5つの柱

(1) 世界に誇るゲートウェイづくり ・JR東海道線支線地下化・新駅設置による関西国際空港とのアクセス利便性の向上 ・関西・大阪圏の玄関口として象徴的で風格のある駅前空間の創出 ・国際的なビジネス拠点の形成 など
(2) 賑わいとふれあいのまちづくり ・賑わい軸における華やかで賑わいある空間の創出 ・賑わいネットワークなどによる回遊性の高い歩行者動線ネットワークの形成 ・人々の交流と賑わいの場を提供する都市機能の集積 など
(3) 知的創造活動の拠点(ナレッジ・キャピタル)づくり ・関西のシーズと世界の人材・知識の交流の場 ・人の交流による新技術・産業・価値の創出の場 ・市場ニーズの把握と開発・商品化のための交流・展示拠点 など
(4) 公民連携のまちづくり ・公民協働による水・緑の景の創出や広場の空間形成 ・公民連携によるエリアマネジメント組織 など
(5) 水と緑あふれる環境づくり ・シンボル軸における立体的な緑の空間と水のネットワークの主軸の形成 ・ストーリー性のある水環境の創出 ・多様な緑のネットワークに包まれたまちづくり ・賑わい軸における商業施設と一体となった木漏れ日のある緑の空間の創出 など

技術・知識の交流する場を創造し、関西を新たに再生し、世界へ大阪・関西ブランドを発信する機能の導入を目指した。さらに、公民連携のまちづくりが1つの柱として位置づけられ、エリアマネジメント組織の組成が提示された。

また、土地利用ゾーニングにおいては、2本の空間軸が示され、南北に地区のシンボルとなるゆとりと風格のある空間を創出する「シンボル軸」と、東西には華やかで賑わいのある空間を創出する「賑わい軸」を配した。

以上のように、うめきた地区では開発検討の当初から、常に経済界、行政、学会が参画する場（組織・協議会等）が設置され、国際コンセプトコンペ～全体構想～基本計画という一連のまちづくりの流れが一定のスピード感をもって円滑に進められたといえる（表9-2、図9-7）。

6. 基盤整備事業の実施

2004年（平成16年）12月に、先行開発区域（約7ha）を含む約8.6ha

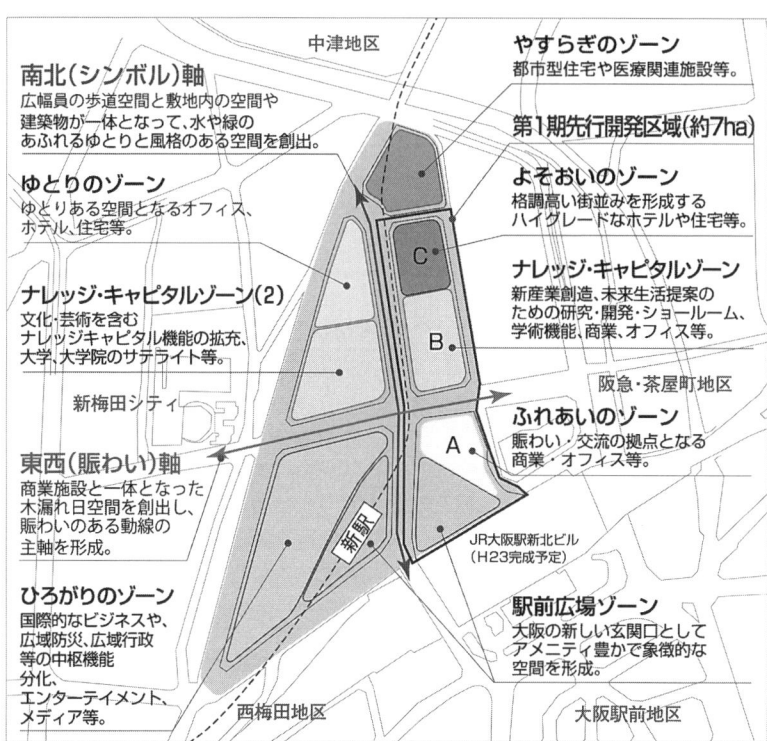

図9-7　土地利用ゾーンニング(2004年7月時点)
(出所)大阪市「大阪駅北地区まちづくり基本計画」より

について、土地区画整理事業と大阪駅北1号線、同2号線の2本の道路および大阪北口広場が都市計画決定された。さらに、都市計画では、準工業地域から商業地域(容積率800%・600%／建ぺい率80%)への用途地域の変更、ナレッジ・キャピタルを中心とした都心機能の集積を図ることを目標にした土地利用方針・地区施設(広場、空地等)を定めた。

　2005年(平成17年)6月に、UR都市機構を施行者とする土地区画整理事業が認可され、基盤整備事業が着工した。土地利用計画において、都市計画道路、区画道路、大阪北口広場(1ha)の公共施設整備と、まちづくり基本計画に基づいて宅地をA・B・C、3つのブロックに分け、それぞれのブロックをふれあいゾーン、ナレッジ・キャピタルゾーン、

表9-3　大阪駅北大深東土地区画整理事業(第1期)

- 区画整理面積：約8.6ha
- 施行期間：2005年(平成17年)度〜2017年(平成29年)度(清算期間含む)
- 概算総事業費：約80億円
- 合算減歩率：49.6%
- 主な公共施設整備：大阪駅北1号線(幅員40m)
　　　　　　　　　　大阪駅北2号線(幅員40mのうち20m)
　　　　　　　　　　大阪北口広場(約1.0ha)

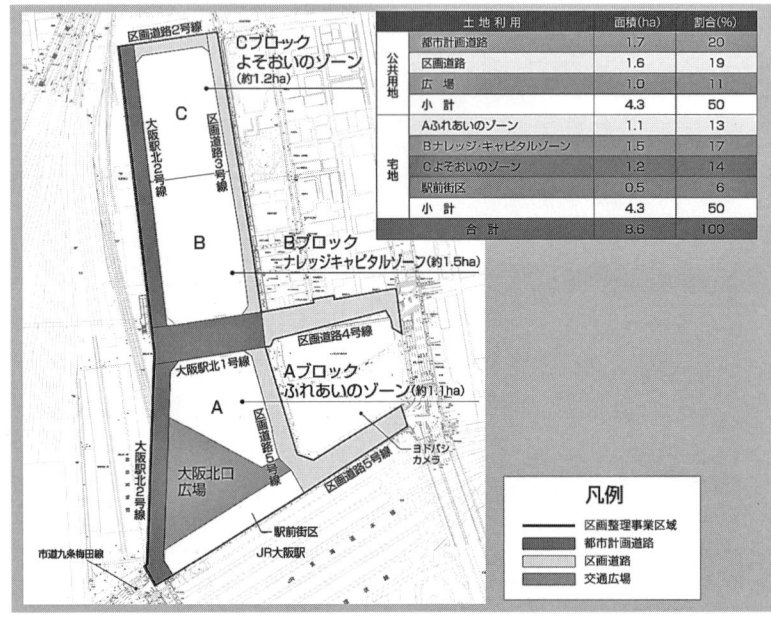

図9-8　土地利用計画(第3回変更：2012年10月認可)
(出所)UR都市機構「うめきた先行開発区域—まちづくり事業誌」より

よそおいのゾーンとした（表9-3、図9-8）。

　開発事業者募集において、宅地の開発・整備に加えて公共用地についても、TMO（タウンマネジメント組織）による公共施設整備・管理を前提とした募集を行った。この場合の開発事業者には、募集の段階でTMOを組成することを前提に公共施設のグレードアップの整備提案を求め、北口広場とA・B・Cブロック周辺歩道をその対象とした。

北口広場の整備については、地下部分を開発事業者が商業施設（店舗）を設置する計画であり、地上部分とは一体不可分であるため、土地区画整理法上の公共用地上における民間事業者（民間施設の整備）と位置づけた。大阪市は広場用地を開発事業者に貸与し、開発事業者は施設整備（広場、地下の商業施設）を行い、イベント開催などの運営と施設管理を行うスキームとした。これにより民間のアイデアが活かされた公共空間が出現した。なお、広場の施設整備費用のうち、本来、土地区画整理事業で施行者が整備すべき費用については応分の負担を行っている。

　A・B・Cブロック周辺歩道の整備については、土地区画整理事業の施行者が整備すべき事業であるが、民間提案の歩道整備を実現するための最適手段として、開発事業者への業務委託方式を導入した。これにより、開発事業者は官民境界部での一体的施工と、開発敷地内歩道と統一したグレードの整備ができた。また、開発後の管理も開発事業者が行い、道路占有許可の緩和（都市再生特別措置法の一部改正：2011年10月）により、大阪駅北1号線（賑わい軸）歩道内には、新宿、高崎についで全国3例目となるオープンカフェが実現した。

　この2つは、土地区画整理法に基づき民間事業者が公共施設を整備し、公共施設の保有は大阪市であり、その後の管理・運営を民間事業者が行うという上下分離方式となった。これにより、公民連携によるグレードの高い公共施設整備・運営管理の取り組みができた。

7．開発事業者の募集・選定

　大阪はもとより関西の都市再生をリードする新しい拠点としてのまちづくりを実現するためには、すべての街区を無条件で民間に譲渡するのではなく、まちづくり基本計画に沿った一定の条件を付して譲渡することが必要であった。とりわけ、先行開発区域の中核機能であるナレッジ・キャピタルの形成への民間誘導を図るためには、具体的な開発条件を整理した上で適切に誘導することが求められた。

　そのために、土地区画整理事業の施行と土地取得について、大阪市および関西経済界から要請を受けたUR都市機構は、2005年（平成17年）

3月に、当地区の土地所有者である鉄道・運輸機構から土地の一部（3ha）を先行取得した。この土地は土地区画整理事業によりBブロック（1.5ha）に換地され、UR都市機構は、A・Cブロックの土地所有者である鉄道・運輸機構と共同で、土地を譲り受けて開発事業を行う者又はグループ（開発事業者）を事業企画提案方式により募集・選定することとした。

　これにより、先行開発区域の基盤整備事業の円滑な推進と併せて、うめきた地区全体のまちづくりのトリガーとなる民間都市再生の誘導が促進されたと考えられる。

　UR都市機構と鉄道・運輸機構は、A・B・Cブロックの開発事業者を公募するにあたり、事前のエントリー受付と2段階の公募・選定を行った。

　まず、2005年（平成17年）5月に、土地を取得して開発事業を希望する民間事業者に事前にエントリーの受付を行った。このエントリー事業者と当地区に関する情報提供や意見交換を行うことを通じて、計画内容をより民間事業者のニーズに即したものとし、次の公募条件の設定に活かすことを目的とした。この「エントリー→情報提供→意見交換→公募条件の設定」方式は、のちのうめきた2期地区の開発事業者公募においても、「民間提案募集→民間事業者との対話→マスタープラン作成（開発条件の設定）」によるまちづくり方針の作成・開発事業者公募へとつながることにもなった。このエントリー受付の結果、35社の開発事業者と意見交換を実施した。

　また、2005年（平成17年）10月に、大阪市とUR都市機構はナレッジ・キャピタルのコアとなる事業を行う「コア施設入居希望者」を、開発事業者募集に先立って事前に募り、事業内容・施設計画等の提案を受け付けた。この結果、35件の登録事業者（入居希望者）を認定の上、10件の推薦事業者を選定した。選定された登録事業者は、研究・教育系、ショールーム・ショップ系、コンベンション、シアター等に区分され、大学、研究機関、行政、民間企業等幅広い参画が得られた。行政としては大阪市が参画し、現在の大阪イノベーションハブである。

　2006年（平成18年）2月から、UR都市機構と鉄道・運輸機構は、A・

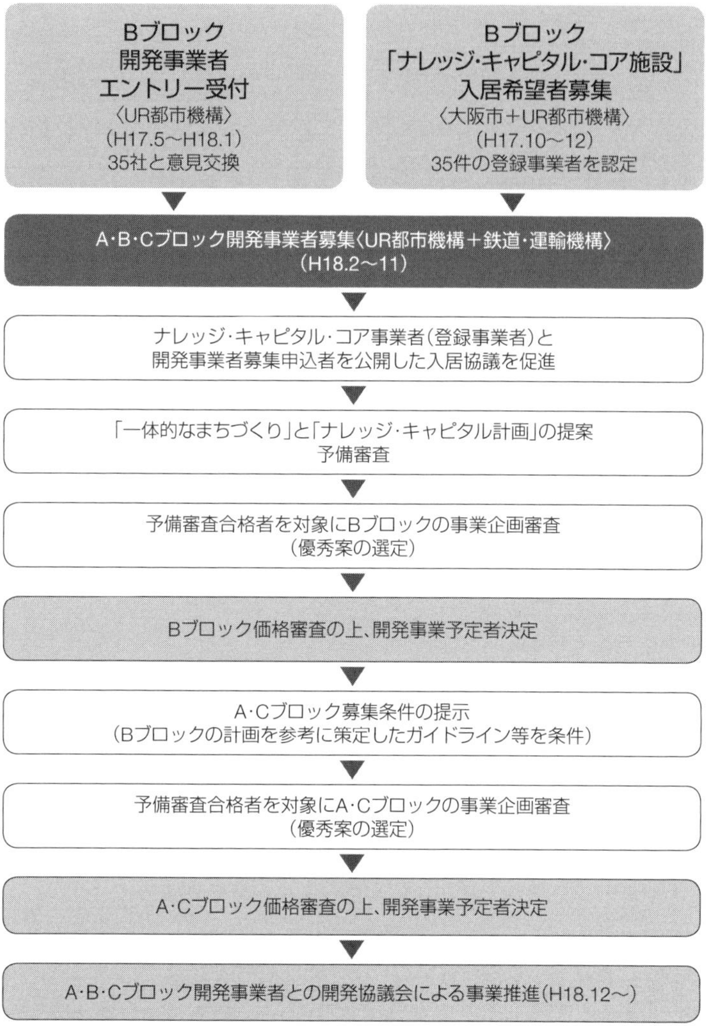

```
┌─────────────────────┐  ┌─────────────────────────┐
│ Bブロック           │  │ Bブロック               │
│ 開発事業者          │  │「ナレッジ・キャピタル・  │
│ エントリー受付      │  │ コア施設」              │
│ 〈UR都市機構〉      │  │ 入居希望者募集          │
│ (H17.5～H18.1)      │  │〈大阪市＋UR都市機構〉   │
│ 35社と意見交換      │  │ (H17.10～12)            │
│                     │  │ 35件の登録事業者を認定  │
└──────────┬──────────┘  └────────────┬────────────┘
           └──────────────┬────────────┘
                          ▼
┌───────────────────────────────────────────────────┐
│ A・B・Cブロック開発事業者募集〈UR都市機構＋鉄道・運輸機構〉│
│                (H18.2～11)                        │
└──────────────────────┬────────────────────────────┘
                       ▼
        ナレッジ・キャピタル・コア事業者(登録事業者)と
        開発事業者募集申込者を公開した入居協議を促進
                       ▼
        「一体的なまちづくり」と「ナレッジ・キャピタル計画」の提案
                      予備審査
                       ▼
        予備審査合格者を対象にBブロックの事業企画審査
                    (優秀案の選定)
                       ▼
        Bブロック価格審査の上、開発事業予定者決定
                       ▼
        A・Cブロック募集条件の提示
        (Bブロックの計画を参考に策定したガイドライン等を条件)
                       ▼
        予備審査合格者を対象にA・Cブロックの事業企画審査
                    (優秀案の選定)
                       ▼
        A・Cブロック価格審査の上、開発事業予定者決定
                       ▼
        A・B・Cブロック開発事業者との開発協議会による事業推進(H18.12～)
```

図9-9　開発事業者の募集・選定のフロー
(出所)UR都市機構「うめきた先行開発区域―まちづくり事業誌」より

B・Cブロック開発事業者予定者の公募を開始した。公募に際しては、「一体的なまちづくり、ナレッジ・キャピタルの実現・運営組織づくり、TMO(タウンマネジメント組織)の設置」等の開発条件を定め、事業企画＋価格提案方式による募集を行った(図9-9、表9-4)。

表9-4　募集対象土地の概要

街区名称	譲渡人	仮換地面積（予定含む）	用途地域(容積率/建ぺい率)H18.2都市計画決定
Aブロック	鉄道・運輸機構	約10,570㎡	商業地域(800%/80%)
Bブロック	UR都市機構	約15,000㎡	商業地域(600%/80%)
Cブロック	鉄道・運輸機構	約12,344㎡	商業地域(600%/80%)

　事業開発提案に先立ち、ナレッジ・キャピタル・コア事業者（登録事業者35件）と開発事業者公募申込者を公開し、相互の間で入居に向けた協議を行うこととした。登録事業者の事業計画を導入して提案した場合、審査において一定の評価を付与した。

　これは、これまでの開発事業者募集において行われてきたような、申込者が事業協力者または参画事業者（いわゆるテナント）を選定・提案するのではなく、公募主催者が自ら、コンセプトの主旨に沿い実際に参画できる事業者（テナント）を準備する方式をとったものである。これによって、ナレッジ・キャピタルの実現性をより高くし、一方、申込者にとってもナレッジ・キャピタル形成の担保が得られたと考えられる。

　2006年（平成18年）5月に、A・B・Cブロックの一体計画とナレッジ・キャピタル計画（Bブロック）を審査し、優秀案を選定、土地購入価格審査を経て、Bブロック開発事業予定者を決定した。

　2006年（平成18年）7月から、A・C、2つのブロックの募集を開始し、同年11月に、A・Cブロック開発事業予定者を決定した。結果として、Bブロックおよび A・Cブロック開発事業予定者は、おおむね同じ構成員であることから、実質的に同一の開発事業者となった。

　ターミナルに最も近いオフィス・商業ゾーンのAブロックとホテル・住宅ゾーンのCブロックについては収益性が高いと想定されたため、ナレッジ・キャピタルの実現に向けては、まず、Bブロック開発事業予定者を選定したことが開発事業者募集を成功させた要因でもあったと思われる。

　開発事業予定者の選定後、事業実施に当たっては、UR都市機構と開発事業者との間で「大阪駅北地区開発協議会」を設置し、事業計画内容

表9-5 都市再生特別地区

主な項目	都市計画変更内容
容積率	A地区1,600%
	B地区1,150%
	C地区1,150%
壁面後退	中高層部における位置制限
地区施設	多目的通路・空地・広場の配置
歩行者用東西デッキ	計画地から芝田一丁目交差点まで幅員6m、延長240m

の確認、事業推進上の協議・調整等を行った。これにより、計画、公共施設、工事、プロモーション等について、関係機関との具体的な協議・調整と事業実施の推進を図ることができた。

2008年（平成20年）2月、大阪市は当該開発区域について、都市再生特別地区の都市計画決定を行った。これを受けて開発事業者より、公募時に提案された事業計画案からの変更申請があり変更された。

都市再生特別地区は、都市再生緊急整備地域内において、既存の用途地域等に基づく用途・容積率等の規制を適用除外とした上で、自由度の高い計画を定めることができる都市計画制度で、敷地内の空地や緑地等の確保のほか公共貢献施設等の整備が必要となる。当地区では計画地から芝田一丁目交差点までの歩行者用東西デッキ（復員6m延長240m）の整備が規定されている（表9-5）。

都市計画の特例制度により、容積率の緩和と地区および周辺の実情にあわせた公共貢献は、一般的に多く使われており公共に代わり民間が開発にあわせて公共施設を整備する手法であり、公民連携制度の1つといえる。

開発事業者の募集においては、タウンマネジメント組織の設置を求めたことにより、一体的な管理・運営を担う「グランフロント大阪TMO」が設置され、当地区を中心とした地域の活性化、環境改善、コミュニティ形成等の事業を展開し、エリアマネジメントへ発展、大阪版BID制度へとつながる起因となった。

2013年（平成23年）4月に、開発事業者によるうめきた先行開発区域の都市再生プロジェクト「グランフロント大阪」がまちびらきを迎え、産官学の連携によるまちが誕生した。

Ⅱ．知的創造拠点の創造に向けて

1．「ナレッジ・キャピタル構想」に向けての提言

2004年（平成16年）7月に策定された「大阪駅北地区まちづくり基本計画」における「まちづくりの5つの柱」のひとつが『知的創造活動の拠点（ナレッジ・キャピタル）づくり』であり、「土地利用ゾーニング」において『ナレッジ・キャピタルゾーン』が中心的な機能・施設に位置づけられた。

2004年（平成16年）10月に「大阪駅北地区まちづくり推進協議会」の専門部会として「ナレッジ・キャピタル企画委員会」が組織され、ナレッジ・キャピタルの形成に向けた具体的な議論がスタートした。大阪大学総長（当時）の宮原秀夫氏を委員長として、ロボットテクノロジーやユビキタス、IT技術などの先端技術分野の学識経験者、経済界、行政等で構成された同委員会は、ナレッジ・キャピタルとしてふさわしいコンセプト、導入すべき知的創造機能などについて検討を重ね、2005年（平成17年）3月に、まちづくりの主体となる開発事業者への指針として、「『ナレッジ・キャピタル構想』に向けての提言～未来の生活を、ともに知り、学び、創るまち～」（以下「提言」という）をとりまとめた。

この提言は、ナレッジ・キャピタル構想の背景や基本イメージを整理したうえで、以下の5点を提言している。

1）一般ユーザー向けの市場性の高い分野を対象として、基礎研究部門との連携を図りながら、マーケットを見据えた商品開発、サービス開発に向けた研究を中心的に行うべきである。

2）立地条件を最大限に活かして、消費者とのコラボレーション（市場交流、BtoC）としての展示機能と企業間（企業交流、BtoB）および産学の交流機能を充実し、商品・サービス開発に向けたコ

ラボレーションを行う場とするべきである。
3）これまでのシーズを活かして、関西企業とアジア諸都市との連携を強め、アジア市場を対象とした新事業創造の場となる国際知的交流拠点を形成するべきである。
4）デザインイノベーションにより、魅力ある空間を形成するとともに、賑わいのあるエンターテインメント性の高い空間を形成し、ナレッジを演出する仕掛けを持たせるべきである。
5）高水準の通信環境等ハードのインフラを充実させるとともに、TMOによって、対外プロモーションやコーディネート機能を持ったソフトなインフラを充実させるべきである。

　関西がもつ産業・学術面でのポテンシャルと地区の立地ポテンシャルとを最大限に活用し、広く経済界、大学、行政、市民（ユーザー）の交流・連携により、持続的に発展するまちづくりの実現のためナレッジ・キャピタル構想が必要であるとまとめている。

2．ナレッジ・キャピタル構想の推進

　ナレッジ・キャピタル企画委員会における議論と並行して、ナレッジ・キャピタル構想の実現を推進するため、「大阪駅北地区まちづくり推進機構」の下に「ナレッジ・キャピタル推進室」（以下「推進室」という）が設置された。
　国際電気通信基礎技術研究所代表取締役社長（当時）の畚野信義氏を室長に迎え、同推進機構を構成する民間企業に加え関経連、行政、UR等で構成し、構想実現に向けた検討が進められた。
　推進室では、ナレッジ・キャピタルについて関係者に広く周知するためのフォーラムの開催やプロモーションを行うとともに、構成企業・機関から出向した推進室事務局スタッフによる関係機関、企業、大学等との意見交換やヒアリング等を実施して広く各方面の意見やニーズを収集・集約して、ナレッジ・キャピタル企画委員会の提言を踏まえつつ、より具体化したイメージを示すことにより、まちづくりの主体となる開発事業者の自由な発想とアイデアを引き出すことを目的として、ナレッジ・

キャピタルの実現に向けた報告書をとりまとめた。

　報告書では、まず、ナレッジ・キャピタル構想実現に向けた基本的な考え方として、

　　○単なる不動産事業として考えない
　　○ロボットをコンセプトキャラクターとする
　　○プレイヤーが固定化されないことが不可欠である
　　○人材育成が重要である
　　○規制緩和を実施することが必要である
　　○運営がまちの命運を左右する
　　○一体的なまちづくりが重要である

等を挙げている。

　そして、キーコンセプトを、「未来の生活の提案・体感・学習をテーマとしたナレッジ（人・モノ・情報）のインターフェイスにより、新たなナレッジを創出する『未来生活の創造・受発信拠点』」とし、その実現に寄与する分野として、「先端技術」、「感性・感覚（ソフト）」、「学習・教育」の3分野を対象領域と整理した。

　機能・施設・空間としてのあり方については、ナレッジ・キャピタルを人・モノ・情報のインターフェイスの「場」として創出するため、「創造」、「展示」、「交流」、「発信」、「集客」の5つを備えるべき基本機能とし、それらが有機的に連携する施設構成、空間構成を求めている。

　また、コンセプトや基本機能の長期にわたる維持・継続と、社会環境変化に対応した絶えざる革新のためには、ナレッジ・キャピタルマネジメント組織（KMO）が必要不可欠であるとし、運営及びその組織の重要性を指摘している。

　最後に、開発事業者募集に際して、先の基本的な考え方やキーコンセプト、対象領域、基本機能、運営の重要性等を踏まえた開発条件としてその事業企画提案を重視した選定方法とすることや、参画意欲の高いコア事業者を開発事業者募集に先立って募り、事業内容や施設計画等の提案を受ける方法（2段階募集）の検討が示された。

　畚野室長の言を借りれば、推進室の仕事はナレッジ・キャピタル企画

委員会の提言を翻訳し、具体的なイメージを与えること、開発事業者募集の基本的な枠組みをつくることだとされている。その報告書には、規制緩和の必要性や運営組織の重要性など、うめきた2期を始めとするこれからのまちづくりにもつながる考え方が盛り込まれている。

Ⅲ. ナレッジ・キャピタル構想の実現

1. ナレッジ・キャピタル構想の実現

(1) 開発事業者によるナレッジキャピタル推進体制の構築

　2006年（平成18年）当時、ビル開発にあたって開発者自らがソフトコンテンツを埋め込むといった事例はきわめて少なく、東京丸の内にEgg Japan東京21世紀クラブがあったものの、ナレッジキャピタル規模のものは全国で初めての取り組みであった。そのため、開発事業者はまず2007年（同19年）4月にKMO設立準備委員会を発足させ、中核施設ナレッジキャピタルの実現にむけて、施設やコンテンツの検討、各方面へのヒヤリング等を行い開発計画に反映させていった。

　うめきた先行開発事業に関しては、開発事業者の内いずれの社も出資メジャーとなっていなかったため、事業を進めるうえでの合意形成には通常の開発以上の時間と工夫が必要であった。頻繁に事業者会を開催するなど、コミュニケーションを密に図りながらの合意形成には時間がかかる一方で、出資全社が主体者となったことから、これまでに経験のないナレッジキャピタルの実現に向け大きな力となっていった。

　三菱地所、オリックスなど開発事業者12社の2008年（平成20年）2月25日付報道発表、「大阪駅北地区先行開発区域の計画概要について」によると、開発コンセプトとして、「知の循環」によって豊かな未来生活を創出するまち「創造の宮」として、世界中から最先端の知的情報や人材が集積し、活発な交流を通じて、新たなビジネスやライフスタイルを創出、発信するまちを目指す。そのため、知的創造拠点ナレッジキャピタルを中核機能として、商業、業務、宿泊、居住などの多様な都市機能を集積し、大阪の玄関口にふさわしい新たな拠点を形成する、として

いる。さらに、プロジェクトの特徴に知的創造拠点ナレッジキャピタルの導入・運営を挙げ、ナレッジキャピタルに求められる創造、展示、集客・情報発信、交流機能を兼ね備えた推進エンジン（サイバーアートセンター、ロボシティコア等）によるコラボレーションの牽引・促進、ナレッジキャピタルの運営会社（KMO）の設立計画、を発表している。

大阪駅北地区先行開発区域計画に、知的創造拠点ナレッジキャピタルを明確に位置づけ、具体化に向けた取り組みが動き出し、計画発表の翌年2009年（平成21年）4月には、開発事業者12者の出資によって、ナレッジキャピタルの運営会社、株式会社KMOが設立された。

続く2010年（平成22年）3月31日付開発事業者12社による報道発表、「大規模大阪駅北地区先行開発区域プロジェクト新築工事着工のお知らせ」では、延床面積55万6700平方メートル（㎡）の大規模プロジェクトのうちナレッジキャピタルは8万8200㎡を占めると発表された。計画の位置づけとしては、アジア・世界へのゲートウェイ"大阪駅北地区"と公民連携によるナショナルプロジェクトの2点を挙げ、単なる再開発事業との違いを明確にしている。また、プロジェクトの特徴の第一に、まちの中核機能としての知的創造拠点ナレッジキャピタルを挙げ、「感性」と「技術」を融合することで新たな知的価値を生み出す複合施設とした。具体的には、会員制ビジネスクラブ・ナレッジサロンを核としたイノベーション創出のための多彩なワークプレイスや、イベント・情報発信の舞台となるナレッジプラザなど未来生活を体験できる賑わい施設、本格的コンベンション施設（約3000人収容）などの導入を挙げている。

この発表のなかには、計画概要で示された推進エンジン（サイバーアートセンター、ロボシティコア等）の名前はなく、代わって会員制ビジネスクラブ・ナレッジサロンの導入が示されている。

計画発表から着工に至る間には、2008年（平成20年）9月のリーマンショックから始まる世界規模の金融危機が勃発し、開発の周辺環境は悪化していたが、うめきた先行開発区域はナショナルプロジェクトとして位置づけられ、公民一体となった推進が図られていった。

このようななか、開発事業者間では、ナレッジキャピタルのコンセプ

トを具体化するためには、運営主体である株式会社KMOだけでなく、知的創造拠点として公益的な活動を行う組織が必要、との合意が形成されていった。公益的事業の実施主体として、まちびらきの前年となる2012年（平成24年）6月に、一般社団法人ナレッジキャピタルが設立され、まちびらきの準備活動が進んでいった。

　ナレッジキャピタルというこれまでにないものをつくりあげていくためには、準備活動を通じて'ナレッジキャピタルという概念'を学び、具体化し、推進を担う人材を育成していく、という過程が必要であった。さらに、外部に対しても、ナレッジキャピタルをわかりやすく発信して参画者をつのり、期待を高めてまちびらきを迎えることが求められた。

　そのため、まちびらきに先立つイベントとして、2009年（平成21年）から2011年（同23年）まで3回にわたり、広くナレッジキャピタルのコンセプトを発信するナレッジトライアルが開催された。さらに、ナレッジアワードの創設、話題提供者を囲んで知的交流を行う木曜サロンの実施など、多彩な先行事業を通じて、新しいコンセプト・ナレッジキャピタルへの期待を高め、入居者やサロン会員の誘致につなげる取り組みが行われた。

(2) **公民連携によるナレッジキャピタルの推進**

　ナレッジキャピタルの入居者は、コンペに先立つ2005年（平成17年）に、あらかじめコア施設入居希望事業者として選定され、優先的に入居交渉を行う方式で進められた。しかしながら、事業者選定からまちびらきまで8年を要する大規模プロジェクトであったため、その間にリーマンショックなどマーケット環境の大きな変化や、企業・大学等の意思決定権者の交代による判断の変更などが起こり、必ずしも当初の想定通りの入居は進まなかった。

　大阪市についても市長交代による意思決定の変更があり、設置を検討していたロボシティコアの見直しが行われた。

　さらに、開発事業者の企画によるアルスエレクトロニカと連携したサイバーアートセンター、についても見直しが不可避となるなど、ナレッジキャピタルの中核コンテンツの変更を余儀なくされる事態となってい

った。

　ナレッジキャピタルのスタートに際し、当初想定されたコア事業者の進出は必ずしも進まなかったが、一方で、KMO は独自事業としてナレッジサロン、The Lab. みんなで世界一研究所の開設を決定し中核コンテンツとした。

　さらに、関西経済連合会主導によるアジア太平洋研究所の設立・入居、大阪駅北地区開発に関わってきた関西企業のフューチャーライフショールームへの入居や、ナレッジオフィスへの大阪大学、慶應義塾大学等の進出が決定していった。

　また、大阪市についても大阪イノベーションハブならびに、大阪市立大学健康科学イノベーションセンター開設を決定した。

　このように、多様な施設で構成される知的創造活動拠点ナレッジキャピタルは、関西の産学官の参画により、2013 年（平成 25 年）4 月、満室で開業を迎えることができた。

　開設後のサポーター、ナレッジキャピタル推進共同体には、大阪府・大阪市・総務省近畿総合通信局・経済産業省近畿経済産業局・国土交通省近畿地方整備局・独立行政法人都市再生機構・公益社団法人関西経済連合会・一般社団法人関西経済同友会・大阪商工会議所・公益財団法人関西・大阪 21 世紀協会・一般社団法人デジタルメディア協会・大阪大学・大阪市立大学が名を連ね、関西の未来を担うビッグプロジェクトの後押しをすることとなった。

2．ロボシティコアから大阪イノベーションハブへ

　ナレッジキャピタル構想の主要コンテンツであるロボッシティコアは大阪市が（仮称）大阪オープン・イノベーション・ヴィレッジとして一体的に実施すべく企画検討を行っていたが、2011 年（平成 23 年）の大阪市長交代によって事業企画が直前に見直されることとなった。

　新たな企画に向け、大阪市はシリコンバレーから特別参与を迎えて事業内容を再検討し、2012 年（平成 24 年）4 月、"グローバルビジネス創出拠点の形成"をコンセプトに、海外から人材・情報・資金が集まる環

境を整備することを決定した。さらにそのための施策として、同年12月「うめきたにおけるグローバルイノベーション創出支援の基本方針」を策定した。

この基本方針では、「大阪・関西をイノベーションを次々と生み出す地域としていくためには、まず起業、新事業創出を育む環境づくりに取組み、最初から世界市場をターゲットとして行動を起こす人々に選ばれる場とすることが必要であり、その実現に向けて、世界中から人・技術・資金・情報を集めるイノベーションエコシステムを構築し、世界と大阪・関西のイノベーション活動の中継地となる拠点をつくる」としている。

大阪市は、この基本方針に基づき、うめきた先行開発区域のナレッジキャピタルに"大阪イノベーションハブ"の開設を決定した。

まちびらきに先立つ2013年（平成25年）2月には、グローバルな情報発信を企図し、英語で行う国際会議"国際イノベーション会議「Hack Osaka 2013」"が開催され、大阪市長は大阪イノベーション宣言として「チャンスにあふれ、これまで日本になかった最もイノベーションに開かれたまちをつくっていく」と宣言した。国際イノベーション会議は、その後も毎年英語での開催が継続され、世界の起業家が集う場となっている。

3．ナレッジキャピタルの実績

(1) ナレッジサロン・ザラボを中心とする活動の展開

2013年（平成25年）4月グランフロント大阪の中核施設としてナレッジキャピタルがオープンした（図9-10）。ナレッジサロン、The Lab みんなで世界一研究所を開発事業者自らが企画運営する体制でスタートし、さまざまなコンテンツを充実していった（図9-11、図9-12）。

国内外からの視察・訪問者は当初の想定を大きく上回り、視察をきっかけとする提携や事業連携も増えていった。集客力の向上により、収益面でも堅実な運営ができており、グランフロント大阪の中核施設ナレッジキャピタルのブランドを確立している。

2018年（平成30年）4月18日に一般社団法人ナレッジキャピタル・株式会社KMO発表の「グランフロント大阪 知的創造・交流の場「ナ

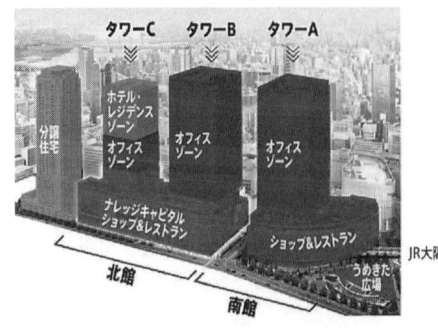

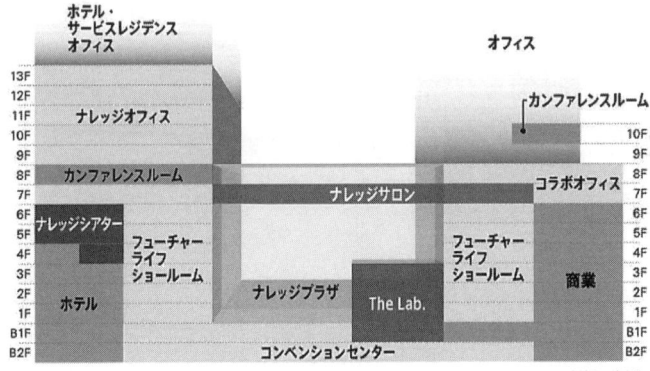

図9-10　ナレッジキャピタルの施設概要
（出所）一般社団法人ナレッジキャピタル提供

図9-11　The Lab. みんなで世界一研究所
（出所）一般社団法人ナレッジキャピタル提供

図9-12　ナレッジサロン
（出所）一般社団法人ナレッジキャピタル提供

レッジキャピタル」5年間の活動とNEXT VISION」に開設から5年間の活動実績が以下のとおりまとめられている。

①参画者数・来場者数

イノベーション創出を実現するさまざまな施設に入居・出展、ナレッジキャピタルとともに活動を実践した参画者は、大学や企業・研究機関など5年間で322者。会員制のナレッジサロン利用者は70万人、The Lab. みんなで世界一研究所やフューチャーライフショールームの一般来場者は、のべ2700万人にのぼった。

- 参画者　※5年累計（2018年3月31日時点）

  【総参画者数】322者

  （企業264、大学31、公的機関・研究機関23、その他4）

- ナレッジサロン　※5年累計（2018年3月31日時点）

  【総会員数】約4700人　【総来場者数】約70万人

- 一般来場者（The Lab. みんなで世界一研究所／フューチャーライフショールーム）　※5年累計（2018年3月31日時点）

  【総来場者数】約2700万人

②コーディネート活動

ナレッジキャピタルでは、さまざまな知的交流の場の提供を行い、コミュニケーターの配置、新しいプロジェクトを始めたい方等のニーズに応える専用デスクOMOSIROI-場」の開設などコラボレーションやマッチングを推進。

③多様なイベントを開催

「木曜サロン」や「よりみちサロン」、一般生活者向けの学びプログラム「ナレッジキャピタル超学校※」や「ワークショップフェス」、ナレッジキャピタルオリジナルイベント「こたつ会議」などのほか、参画者主催のイベントなども多数開催。

- イベント開催総数　約5000件　※5年累計（2018年3月31日時点）

④アワードの開催

人材の発掘育成と関西発のOMOSIROI文化の発信を目的に、「International Students Creative Award」、「Knowledge Innovation

Award」「World OMOSIROI Award」の3つのアワードを主催。

　⑤積極的な国際交流

　開業以来、海外都市や団体などとの接点構築を積極的に展開し、双方の交流プログラムの実施やビジネスマッチング・コラボレーションイベントなどを実施している。また、海外機関とのMOUも積極的に締結し、各連携先の国や地域で行われるビジネス会議や展示会にも積極的に参加している。その結果、新しい都市モデルとして国内外からの注目が集まり、数多くの海外都市、団体などの視察来訪がある。

- 海外連携先12機関（2018年3月31日時点）
- 世界各国からの視察・来訪者件数　78カ国366団体（2018年3月31日時点）
- 海外訪問・出展数　16都市27件（2018年3月31日時点）　など

(2) ナレッジオフィスに入居する大学・研究機関等

　ナレッジオフィスには大学・研究機関等のサテライトが立地している。まちびらきと同時に、大阪大学、大阪市立大学、慶應義塾大学、関西大学、大阪工業大学が産学連携などの拠点を開設した。

　国の研究機関については、まちびらきの時点では国立研究開発法人情報通信研究機構のみであったが、ナレッジキャピタルのポテンシャルの発信や、さまざまな機会をとらえた地元自治体・経済界の誘致活動の成果もあり、2018年（平成30年）現在、独立行政法人医薬品医療機器総合機構、国立研究開発法人日本医療研究機構、国立研究開発法人科学技術振興機構、国立研究開発法人新エネルギー・産業技術総合開発機構、独立行政法人工業所有権情報・研修館（INPIT-KANSAI）がオフィスを設置している。

　また、関西経済界の主導で設立された、一般財団法人アジア太平洋研究所をはじめ、大阪ガスエネルギー・文化研究所都市魅力研究室、公益財団法人都市活力研究所／グローバルベンチャーハビタット大阪が立地。さらに自治体としては、大阪市が大阪イノベーションハブを開設し、それぞれ活発な活動を展開している。

4．大阪イノベーションハブの設立と活動実績

　大阪市は、2013年（平成25年）4月26日グランフロント大阪の開業と同時に、ナレッジキャピタルに「大阪イノベーションハブ」を開設し、国内外から人材・情報・資金を引き付けるイノベーションエコシステムの形成を目指して事業を開始した。

　大阪イノベーションハブの運営にあたっては、民間開発との相乗効果を図り、大阪でイノベーションエコシステムを実現するというコンセプトのもと、これまでにないグローバルな活動を牽引する体制を作ることを目指した。

　まず、トップとなるグローバル人材を公募によって民間から採用、さらに運営についても民間の人脈やノウハウを導入するため、公募によって海外との連携を期待できる事業者を選定した。

　さらに、イノベーションエコシステムを担う国内外の人的ネットワークをつくるため、情報発信力の強化にSNSを積極的活用するとともに、大阪ハッカーズクラブ（のちにイノベーターズクラブ）を創設して起業家と支援者のネットワークを構築し、人材育成やプロジェクト支援に取り組むこととした。

　施設は、オープンかつフレキシブルで、さまざまなプログラムに活用できる空間づくりが行われた（図9-13）。

　大阪イノベーションハブでは、開設以来イノベーション人材のネットワークの構築と拡大を目指して、さまざまな取り組みが行われている。

　開設1年目から、ビジネスプランコンテスト、製品開発型イベント（ハッカソン）、公開型マッチング、事業開発研究会、コミュニティ形成イベント、起業支援関連セミナー、シリコンバレーツアーなど、年間195本のプログラムを実施した。プログラム件数は毎年増加し、2018年（平成30年）には290本のプログラムが実施された。イベント開催では自らの主宰に加え、イノベーションエコシステムの担い手であるさまざまな機関・人材の自主イベントとの共催を重視しており、ここで得られたさまざまな起業家や支援者のネットワークは、貴重な人的資源の蓄積となっている。

図9-13　大阪イノベーションハブ事業
(出所)大阪イノベーションハブ提供

　起業人材の掘り起こしや育成にも注力した結果、起業家とその支援者・団体で構成するイノベーターズクラブ会員は、5年間で約1000者となっている。さらに、イノベーターズクラブ会員を通じてつながるコミュニティメンバーは12万人に迫る規模となっており、開設から5年間でネットワークの規模、質ともに順調に拡大している（図9-14）。

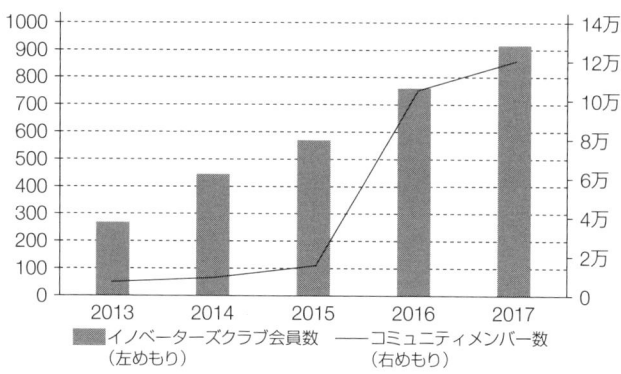

図9-14　大阪イノベーションハブのネットワークづくり
（出所）大阪市イノベーション評議会資料より作成

　国内外からの視察やイベント開催から具体的な事業連携に至るケースも増えており、2017年（平成29年）の年間イベント参加者数約1万5000人、プロジェクト支援数は55件を数えている。

　5年間の活動により、大阪イノベーションハブは、大阪におけるイノベーションエコシステムのゲートウェイとしての実績を積んでおり、国内外のパートナーとの交流は質量ともに拡大している。

　また、ナレッジオフィスのメンバーである株式会社サンブリッジグローバルベンチャーズ／公益財団法人都市活力研究所が運営するインキュベーション施設とも連携し、事業化に取り組むプレイヤーの発掘や、事業拡大支援なども行われている。

　ハッカソンやアイデアワークショップからビジネスアイデアを生み出し、メンタリングによってビジネス化を捉進し、プレゼンテーションすることで事業を拡大させ、国際会議やプロモーションの支援によりスタートアップを加速させる、という一連のアクセラレーションの機能が整ったことで、大阪イノベーションハブは、大阪・関西のイノベーションエコシステムの重要なハブとなっていった。

5．変化しながら発展するまち
(1) ナレッジキャピタルと地域連携
　うめきた先行開発区域は、当初から開発そのものが地域によって主導されており、まちづくりのコンセプトに対する開発事業者の理解は進んでいたが、開発に関わるさまざまな事案を進める上では、さらに丁寧な関係者の合意形成が必要であった。

　民間からみると、行政との連携は合意形成に時間がかかり、事業性、収益性が犠牲になりがちであるなど難しい面がある。反面、当該事業がナショナルプロジェクトと位置づけられたことにより、特区など公的施策の活用や、国研究機関の入居などが実現し、中核施設としてのブランディング、広報活動などにおいて、他では得られない効果があったと考えられる。

　また、公共からみると、「大阪・関西の起爆剤」と期待されたうめきた開発が、民間の資金とノウハウによって円滑に進められたというだけでなく、公民でコンセプトを共有し、ナショナルプロジェクトとして推進することで、発信力が増し、産学官の幅広い主体が参画する知的交流の場の形成が加速したと考えられる。さらに、民間の経済活動に新たな公共ともいえる役割が加わることで、高質で活力あふれるまちの持続的な運営が実現し、これまでの再開発事業を超えたうめきた先行開発の成功につながっていった。

(2) 起業の拡大・梅田が起業の起点に！
　2008年（平成20年）のリーマンショックを越えて迎えた2013年（同25年）のまちびらきは、アベノミクスによる経済成長戦略の始まりと時を一にしていた。国の「成長戦略」政策の柱の1つに「産業の新陳代謝とベンチャーの加速」が挙げられ、国と地方の起業促進施策の充実など、まちびらき後に起業を取り巻く環境は大きく改善していった。

　東京に比べベンチャー集積では周回遅れといわれる大阪であるが、2016年（平成28年）の新規事業所の開業率は東京を上回り、梅田バレーともいわれる起業の盛り上がりがある。

　開設当初ナレッジオフィスに入居していた、関西大学、大阪工業大学

は梅田にキャンパスを建設して機能を拡充し、梅田の知的創造・交流機能の連携は面的に広がっている。

また、大阪市施策との連携効果も上がっており、起業家支援のシードアクセラレーションプログラムでは、当初の想定を上回る約30社が2年で約30億円の資金調達に成功している。さらに、支援機関の立地を促進するイノベーション拠点立地促進助成制度を活用して、2018年（平成30年）9月現在、大阪市内に9件の支援施設が新たに開設され、イノベーションエコシステムが面的な広がりを見せている。

このように、ナレッジキャピタルでのさまざまな公民の活動が行政の施策につながり、また新たな活動を誘発して周辺へ波及していく、さらにナレッジキャピタルが対外的なアイコンとなって、国内外からイノベーターが集まり、起業が拡大し、関西の活性化に貢献する、という正の循環が生まれている。

(3) うめきた2期開発との連携によるまちの発展

2018年（平成30年）7月、UR都市機構の実施するコンペにより、うめきた2期開発の開発事業者が決定された。2期開発は中央に4.5haの都市公園が計画されており、みどりとイノベーションの融合拠点の形成をコンセプトに2024年（同36年）のまちびらきに向け開発が進められる。

うめきた全体がそれぞれの特徴を生かしながら連携し、イノベーションを生み出すエリアとして発展することを期待したい。

Ⅳ．うめきたのエリアマネジメントの実践

1．エリアマネジメントの実践

(1) まちづくりの潮流

まちづくりは「つくる」時代から「そだてる」時代に変わってきている。すなわちスクラップ・アンド・ビルドの時代のように、経済成長に合わせてとにかく床を大量供給する量的増大を求める時代から、開発後の街の価値を質的向上・維持させるエリアマネジメントの必要性が強く認識されるようになってきた。

大都市型のエリアマネジメントに関わる関係者は大別すると「地権者」と「行政」となる。

「地権者」にとって、開発後のブランド価値の維持・向上が求められる。

「行政」にとって、地域の活性化、環境整備、多様なコミュニティの形成などが求められる。

また、ブランド価値の向上・維持は、人や企業の集積を誘引し、資産価値の尺度である地価を上げ、結果として自治体には固定資産税・都市計画税などや法人・事業所税、消費税などの公租公課の収入増大を招く。

(2) 双方のゴールを実現するための過程

「地権者」と「行政」双方のエリアマネジメントによる目的を実現するためにいくつかのプロセスを経る必要がある。

①継続的な活動を可能とする組織の設置

地権者側の目的を実現、継続するためには、複数の地権者の意見を協議、コンセンサスをまとめていくための場と事務局となる組織が必要である。その際に責任デベロッパーとしてリーダーシップをとる者が必要となる。このリーダーシップを発揮するには地権の持ち分のみならず専門知識、経験、ネットワークなどが求められる。

②協議するための公民連携の場の設置

地権者と行政の目的を協調・協力していくためには、双方の意見をフラットな立場で協議できる場の設置が必要となってくる。この場での事務局はリーダーシップを取る地権者か行政も一緒に担うことが望ましい。

③将来像の共有化

公民連携の場の設置の最大の目的は街の将来像の共有化である。特に開発などを通じて社会貢献、地域貢献を求める行政側と株主より収益最大化を求められる執行組織である企業（地権者）との目的のすり合わせには多くの時間が費やされることとなる。

そしてすり合わされた将来像はガイドラインなどの策定で共有化され、継続される。

④都市開発諸制度の創設・活用

ガイドラインとして共有化された将来像を実現するために、都市開発

諸制度の活用に関して検討を行う。現行制度では対応が難しい場合、新しい制度の創設を検討する。

⑤公民連携の窓口・エリア代表

公民連携の場は、エリア地権者の声を代表する「エリアマネジメント組織」と「行政」で構成される。エリアマネジメント組織はエリアの声と行政側の声を受け止めるワンストップの窓口として機能する。

(3) 先進事例「グランフロント大阪」

「1年11か月。711日。」この数字をご存じだろうか。実はこれはグランフロント大阪が2013年（平成25年）開業後、来場者1億人を突破した年月である。

東京スカイツリーが2年4か月で突破したことを考えると、東京ではなく大阪でこの集客を記録したことは驚くべきことだと考える。

さらに、来場者は順調に推移しており、5年で2億5千万人となっている。

また商業売上げは1年目で目標の1割増しとなる436億円、5年目には473億円と順調に推移している。

わが国においては2005年（平成17年）をピークに少子高齢化が急速に進展し、成熟社会に突入した。2055年にはわが国の人口は現在より4000万人減少し約9000万人になるという。単純計算で恐縮だが今後、実に毎年100万人の人口が減っていくことになる。

このようななかで、都市を取り巻く環境は激変している。

旺盛な都市開発の時代から開発した都市をいかに地域特性に合わせて持続的に維持・運営していくかという「新しい都市マネジメント」のあり方が問われ始めている。

開業後5年を経たグランフロント大阪はまさに、新しい都市マネジメント、すなわちエリアマネジメントの先進事例であり、新しい「公」＝パブリックの定義を提示している。パブリックとは「公立」という運営形態を意味するのではない。みんなに公開されている、みんなが活用できる、みんなが参加できることである。グランフロント大阪の場合はパブリックな場を「民間」で運営しているのである。

さらに、人口減少が進み国内の市場が縮小していくなかで、海外からのヒト、モノ、カネを呼び込む開かれた都市である必要がある。諸外国との都市間競争が激しくなるなかで、競争に勝つためには、魅力的な空間、多様な機能集積、革新的・先進的な取り組みを実行できる仕組みなどを備えたまちである必要がある。

上述してきたことをまとめると、これからの時代に必要な都市像は「イノベーティブ INNOVATIVE」、「ダイバーシティ DIVERSITY」、「エンチャンティング ENCHANTING」、「エリアマネジメント AREA MANAGEMENT」な要素を兼ね備えており、これらの頭文字をつなげると、「IDEA」となる。グランフロント大阪のビジョンはまさに「多様な人々や感動との出会いが新しいアイデアやイノベーションを育むまち」であり、以下にその概要を紹介したい。

⑷ まちをつくる──「多様な都市機能」（ダイバーシティ）

開発ビジョン「多様な人々や感動との出会いが新しいアイデアやイノベーションを育むまち」を掲げ、まちを育てる担い手として「人」を重視し、参加性のあるまちづくりを推進している。

全体56haの延床面積には多様な都市機能が集積している。大阪で最大規模のワンフロア2800㎡のオフィスは延床15haと巨大であるが、自然換気を導入することにより環境共生に配慮。約260店舗、4万4000㎡のショップ＆レストランはターミナル立地として国内最大級であり、約半数をファッション関連、約3割を飲食関連が占めている。日本初、関西初という店舗が連なるなかで、朝4時まで営業する「うめきたフロア」では飲食店16店舗が路地裏を形成し、新たに深夜のマーケットを開拓した。グランフロント大阪の中核機能でありイノベーションを支援する知的創造拠点である8万8000㎡のナレッジキャピタルには、2000人強の会員を擁し、連日賑わい活気があるナレッジサロン、55室強のスモールオフィスなどのコラボオフィス、約360名を収容するナレッジシアター、近大マグロに代表されるフューチャーライフショールームなどが、北館1階から7層吹き抜けのナレッジプラザの周りに集積。地下には約3000名を収容するコンベンションセンターを擁し国際会議や学会が開

図9-15　水と緑豊かなオープンスペースの整備
(出所)一般社団法人グランフロント大阪TMO作成

催されている。

　また、57のサービスレジデンスを含む272の客室を備えた最高級グレードのインターコンチネンタルホテル大阪や525戸の超高層分譲マンション・オーナーズタワーも街区内に立地。

　空間構成に目を移すと、大阪駅へとつながるLEDのステップが美しい大階段と約500個の床面LEDで夜景を彩る楕円の駅前広場「うめきた広場」が街の顔となっている。この車を排除した人中心の1haにもなる大きな広場から北館まで貫く館内の「創造の道」を進むと、1000㎡、7層吹き抜けのアトリウム空間「ナレッジプラザ」がある。うめきた広場と同様、年間を通じてさまざまなイベントが開催される賑わいと情報発信の拠点となっている。さらに街区をつなぐように流れるせせらぎや広場1階から地下へのカスケードなど合わせて5000㎡の豊かな水や地上部のザ・ガーデンやイチョウ・欅並木、9階のテラスガーデンなど7800㎡のまとまった緑がゆとりある都心のオアシスを形成している。これらの複合的な機能が集積しているため、働く人、住む人、来街者が行

き交う賑わいある街の情景が生まれている（図9-15）。

(5) まちを育てる——「エリアマネジメント」グランフロント大阪TMOの役割

　まちを継続的に育てていくためのグランフロント大阪TMO（以下、TMO）は大規模複合型施設のエリアマネジメント団体である。TMOは、グランフロント大阪の事業者により組成された一般社団法人であり、2014年（平成26年）7月に都市再生推進法人の指定を受けている。グランフロント大阪のうち最北部の住宅部分を除いた範囲をエリアマネジメント活動の対象としている。

　TMOはグランフロント大阪の付加価値向上、梅田地区全体の持続的な発展、グランフロント大阪を中心とした地域の活性化、環境改善、コミュニティ形成を目的としたエリアマネジメント団体である。設立から4年目をむかえているが、大阪市エリアマネジメント活動促進制度（以下、大阪版BID制度）を2015年度（平成27年度）から適用するなど、さまざまな制度を活用しながら幅広い活動に取り組んでいる。

　地権者からの業務委託費を主要財源とし、スペース貸しや広告から得られる収入を補助財源として運営されているが、2015年度（平成27年度）からは大阪版BID制度にもとづいて交付される大阪市からの補助金も財源の1つとなっている（詳細は後述）。

　TMOの主な取り組みとして、歩道等の公共空間の管理・運営、交通マネジメント事業（UMEGLE）、街メディア事業（広告掲出、スペース貸し）、イベント・プロモーション事業、まちのコミュニティ形成事業（ソシオ、コンパスタッチ）、外部連携によるエリアマネジメント（梅田地区エリアマネジメント実践連絡会への参画）等を行っている（図9-16）。

①歩道等の公共空間の管理・運営

　大阪版BID制度は、2014年（平成26年）4月に施行された大阪市エリアマネジメント活動促進条例に基づく制度であり、2015年（同27年）4月より大阪市が受益者である地権者から納入された分担金をTMOに補助金として交付し、それを財源にTMOが公共施設である歩道の維持管理を行っている。詳細は後述する。

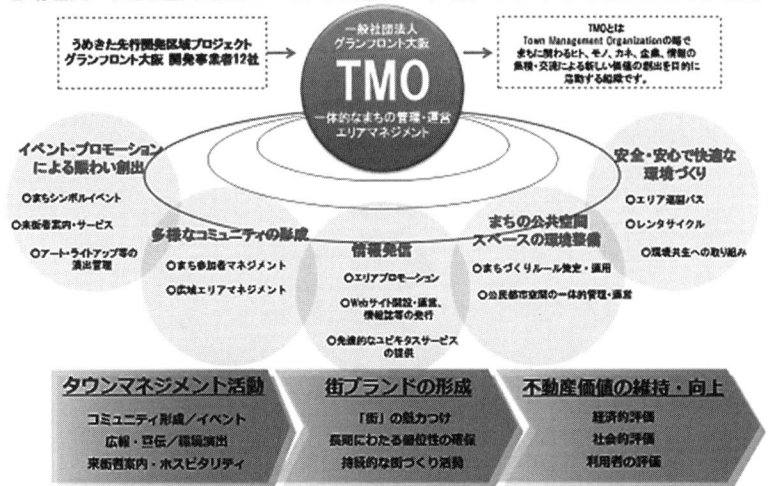

図9-16　TMOの役割
(出所)一般社団法人グランフロント大阪TMO作成

　また、開業時の2013年(平成25年)4月より関西初・全国2例目となる都市再生特別措置法における特例道路占用区域の指定がなされた。これにより歩道上のオープンカフェや広告掲出の実施が可能となり、賑わいのある街並みが出現した。けやき通りの敷地境界線から歩道側に4mまでの区域には、4店舗がオープンカフェを展開。また歩道上に設置された街路灯には、予めポスターボードやバナーフラッグを掲出できるポールが取り付けられ、屋外広告を可能とする装備が施された。

　さらに2014(平成26年)年12月の改定でその範囲が西側歩道にも広がり、購買施設が可能となるなど対象が拡大した(図9-17)。

　一方2015(平成27年)年3月には関西初となる国家戦略特区に基づく規制緩和「エリアマネジメントに係る道路法(占用許可)の特例」を活用し、道路占用事業として車道を含む道路を活用した「健康・医療医の知のみちSTREET FES」を北側西側「いちょう並木」特設会場で開催した。この道路占用事業では、きたる超高齢化社会に向けた健康増進対策、車いすなどのパーソナルモビリティ等の福祉機器の体験学習、

図9-17　特措法対象区域図
(出所)一般社団法人グランフロント大阪TMO作成

　障害をもちながら活躍するアスリートのパフォーマンスなどを開かれた道路上で実施し、健康・医療と一般市民との接点を創出した。
　さらに、2016年（平成28年）3月には新しい都市の祭典「うめきたフェスティバル2016」においても道路法の特例を活用した。具体的には北館西側「いちょう並木」の車道上で、オープニングパレードやグランフロントの飲食店が参加するウェイターズレース、健康・学び・文化をテーマとしたストリートダンス体験、100人ヨガ、パーソナルモビリティや最新鋭自転車の体験などを実施し、多くの一般市民が参加した。
　2か年にわたる本取り組みは「スピードと実行力」で実現したという意味で、国家戦略特区の陣頭指揮を執る安倍総理からもビデオメッセージをいただくなど高く評価された。
　現地で実施したアンケートでは道路上のイベントに対して高い評価をいただいた（図9-18）。
②交通マネジメント事業
　梅田地区の歩行者の回遊性向上、および梅田地区中心部への自動車流

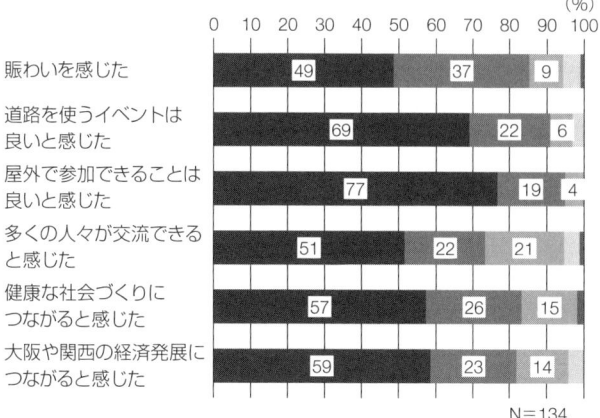

図9-18　国家戦略特区アンケート
(注)2016年3月、国家戦略特区イベント参加者(ストリートダンス、スマートモビリティ、100人ヨガなど)対象
(出所)一般社団法人グランフロント大阪TMO作成

入抑制を目的とした交通サービス「UMEGLE」に取り組んでいる。約10分間隔で梅田地区の主要エリアを巡回する「うめぐるバス」、梅田地区内外を快適に移動可能なレンタサイクル「うめぐるチャリ」、それらと自家用車をスムーズに連絡する「うめぐるパーキング」を主な取り組みとしている(図9-19)。

「うめぐるバス」はこれまで行き来が不便だった大阪・梅田駅周辺に計12か所の停留所を設置し、1周30分で周回、手軽に100円で乗車することができるなど、梅田の回遊性を促進している。運行時間は平日が8:05～19:25、土日祝日は10:00～21:00。独自開発されたコンパスシステムでグランフロント館内にある街頭端末やスマートフォンからロケーション情報をリアルタイムで把握できる仕組みとなっている。

また、現在バスは広告媒体として3台のうち2台は年間契約で企業のバスラッピングを施し、貴重なエリアマネジメントの財源となっている。残る1台はグランフロントで開催される主催イベント「梅田ゆかた祭り」や「クリスマスイベント」などの広報用にラッピング利用している。

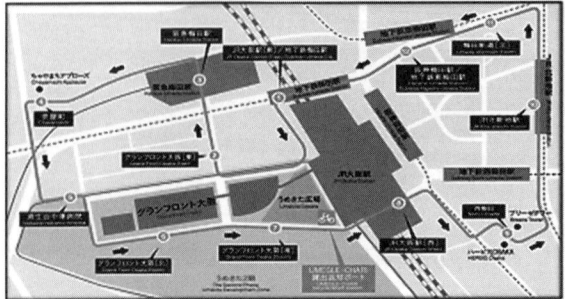

図9-19　うめぐるバス、うめぐるチャリ
(出所)一般社団法人グランフロント大阪TMO作成

　また、2016年（平成28年）6月より梅田のコミュニティラジオ局と提携してバス車内でラジオ放送を流しており、被災時は災害情報に切り替わる仕様となっている。

　うめぐるバスの利用状況（2016年）を見ると、利用者は1日平均約300人であり前年同月比で5〜10％と微増傾向にある。

　「うめぐるチャリ」はうめきた広場にポートが設置されているコミュニティサイクル。30台のうち半分は電動アシスト機能付きで、そのバッテリーはうめきた広場にある太陽光発電で充電されており、環境共生を意識している。貸出方法は簡単で、クレジットカードを非接触の筐体にかざすだけ、1時間100円で使用できる。貸出しは8:00〜20:00で返却は24時間可能。インバウンドの増大に伴い同サイクルは人気の移動手段として貸し出されている。

　1日の利用稼働率は増え続け90％に達している。

　2016年度（平成28年度）利用実態調査によると次の結果が得られた。
　a）利用目的
　「仕事・業務」で利用する方も多く、51％は11回以上利用していた。「遊

び・娯楽」、「観光」利用者は初めての方が5～7割と多く、かつ平均利用時間も5時間となっている。

　b）利用範囲

　梅田エリア内での利用に留まるケースは少なく、土佐堀川以北・淀川以南、土佐堀川以南に広がっており、貸出し・返却ポートの増設を梅田内外で望む声が9割となっている。

　c）満足度・課題

　貸出し・返却のしやすさ、精算機のわかりやすさ、総合的な満足度などは8割を超え、高い水準を得られた。

　課題としては、ポートの増設と同様に自転車の劣化に関する点が指摘され、メンテナンスや車両の更新については今後検討することとしている。

　過去においては、大阪市内の他のコミュニティサイクル運営組織と共同で、梅田スカイビルをはじめとした市内各所に貸し出しポートを設けるなどした社会実験を実施した。

　その結果、認知度不足、ポートがわかりにくいといった課題もあったが、今後官民連携でのコミュニティサイクルの推進を望む関係者の声も多数あった。

　③街メディア事業

　スペースメディア（うめきた広場・ナレッジプラザ等の施設内空間）、OOHメディア（施設内外の広告板・バナー・ラッピング等）、デジタルサイネージを活用する際、使用料を徴収することにより、エリアマネジメントにおける「自主財源」の創出に取り組んでいる。屋外での広告掲出にかかる都市空間マネジメントの指針として、学識、行政、TMOで構成される「グランフロント大阪景観検討部会」（部会長：小林重敬横国大名誉教授）にて2012年（平成24年）9月から2013年（同25年）1月で検討を行い、グランフロント大阪TMOの自主財源確保のための広告媒体運営をはじめとする街並み景観形成の誘導指針である「グランフロント大阪　街並み景観ガイドライン」が策定されている。

　広告媒体審査の枠組みと届出の流れはおおむね次のとおりである。

a）広告を表示・設置しようとする事業者は本ガイドラインを参照して意匠デザインを行い、掲出申し出を行う
b）TMOにて確認・審査、デザイン変更の調整などを行う
c）行政への届出が必要な媒体はTMOが申請主体、協議窓口となって申請手続きを行う
d）定期的に有識者や市などで構成される「街並み景観ガイドライン運営委員会」に運用状況報告を行い、新規媒体を追加するなどガイドライン変更の必要がある場合は運営委員会にて上程し承認を得る

上記のとおり、TMOでは本ガイドラインの活用により、高質な空間特性にふさわしい賑わいある街並み景観形成を推進するとともに、エリアマネジメント広告掲出による自主財源創出を図り、うめきた地区におけるエリアマネジメント活動の充実に努めている。

スペースメディアは主に「うめきた広場」や「ナレッジプラザ」で構成される。これらは自主財源の大きな柱だが、うめきた広場については、「広場を囲む賑わい形成」、「楕円広場」、「夜間景観」などが主な対象となっており、賑わいやアクティビティを創出する景観配慮事項がガイドラインに示されている。

駅前に広がる約1haと広大な「うめきた広場」は、大阪市が所有しているが、大阪市とグランフロント大阪の事業者が官民協定（定期借地契約、維持管理協定）を結ぶことにより、TMOが広場の運営を担っている。

事業者は広場の整備、市への無償譲渡を行った後に、毎年地代を市に収めている。

これまで大阪駅周辺にはまとまった大きな公的空間が存在しなかった。市は官民協定により大阪の顔となる駅前広場をTMOに運営を任せることにより、民間のアイデアや活力を活用して地域の活性化を図ることを期待し、その結果、うめきた広場では文化・スポーツなど季節の風物詩となるイベントが開催されている。

また、駅前の希少な広場での集客や情報発信力に期待してライブや車

などの大型商品の新製品発表、アウトドアフェスタなどスペース利用収入を得るイベントも多く開催されている。

　一方のスペースメディアである1000㎡・7層吹き抜けの北館ナレッジプラザは、屋外の「うめきた広場」よりも天候リスクがないということで、広場よりもさらに多くの使用実績が積み上がってきている。具体的には、ファッションショーや写真などの展示会、飲料メーカーのサンプリングイベントなど多岐にわたる利用がなされ、TMOにおける財源創出に大きな貢献をしている。

　しかし、これら街メディア（スペースメディア、OOHメディア）は、年度予算を作成する上で予測できない要素を多くはらんでいる。特にTMOの創成期は実績もなく、周辺の価格相場は調査したものの需要は代理店の知恵を借りても予測不能であった。そのため、当時大阪では取り入れられていなかったが、東京六本木ヒルズ、東京ミッドタウン、東京スカイツリーなど大規模開発で実績があったオフィシャルパートナー制度の検討を行った。

　TMOにとって年度予算を作成する上で、期初にまとまった額の収入を確保できるメリットがある。一方で、オフィシャルパートナーには候補社のニーズにあったメリットを創出する必要があった。

　開業前の当初、在阪大手広告代理店に相談し、前述の東京の既存オフィシャルパートナー制度を構築した担当者の知恵も借りるなかで、大阪、東京の大企業を中心にアプローチしたものの、知名度もなく未知数のグランフロントのオフィシャルパートナーになってくれる企業はなく、結局、テナントである、キリン、メルセデス、パナソニックが名を連ねてくれた。

　オフィシャルパートナーのメリットは企業ごとのカスタムメイドとなっており、まちづくりのパートナーとして通常貸し出さない空間・期間の占有を可能とすること等によりオフィシャルパートナーからもまとまった財源を確保している。

　例えば、キリンのメリットとして、うめきた広場にあるTMOの事務所を、「キリン一番搾りガーデン」として半年間特別に専有を許可して

いる。また、年間一定額分の使用権を与え優先的にかつ割安にスペース使用できることとしている。

④イベント・プロモーション事業

うめきた広場やナレッジプラザをはじめとしたグランフロント大阪内の各所スペースにおいて、主催・共催、協賛イベントを文化・スポーツ系などを中心に季節の風物詩となるよう実施している。一例を挙げると、うめきた広場では初春には「大相撲うめきた場所」、夏には「梅田ゆかたまつり・盆踊り」、秋には「JVAビーチバレーボール大会」、冬には「MBSスケートリンクつるんつるん」や「梅田スノーマフェスティバル」が開催されている。

通年でFM802と組んでストリートミュージシャンの夢を応援する「MUSIC BUSKER IN UMEKITA」や定期的にマルシェも開催している。特に冬に就業者の家族等がサンタの格好で参加し大階段で作る「ピープルツリー」は初年度922人が参加し非公式だが当時のギネス世界記録を更新した。このように開かれたかたちで情報発信力のある文化交流イベントを実施し、来街者およびオフィスワーカーのまちへの愛着の醸成に努めている。

特に、街として大規模に取り組むイベントとして、周年事業が挙げられる。1周年、5周年ともに「アート」をテーマに全館活用で開催した。

また、プロモーションとしてはWEBやSNSの活用を推進している。特に民放テレビ局ABCの人気ニュース番組が毎日平日のお天気コーナーをうめきた広場から放送して、グランフロントの活動情報も併せてオンエアしてもらうことにより、広い周知と集客に寄与している。

⑤まちのコミュニティ形成事業

来街者やオフィスワーカーなど、グランフロント大阪に関わるさまざまな人々のコミュニティ形成を支援するまちのサークル活動である「ソシオ」、個人属性や来街履歴などにもとづいた情報提供や来街者相互のコミュニケーションを媒介する情報プラットフォーム「コンパスサービス」に取り組んでいる。

特に「ソシオ」は"人よし、街よし、社会よし"といった社会的意義

更にTMOを支える事業者への税制優遇も可能とするような支援策が不可欠である。

③財源確保

TMOは街メディアなどで財源確保に努めているものの、それだけでは活動資金としては不十分であり、大部分は地権者からの業務委託費に依存している。行政からの財源補助は大阪版BIDの補助金であるが、これは元をただせば地権者の負担である。

今後は、街づくりを応援する第三者や来街者等街を活用する外から訪れる交流人口から広く活動資金を得る仕組みの検討が必要である。

④人材育成

現在TMOの職員は、総合職については事業者からの出向者および兼務者、そして一般事務員とで構成されている。そのため、出向元の人事異動に伴い、おおむね2年から4年程度で異動が発生する。当然のことながら業務引継ぎ書により前任者から後任者に引き継がれる体制を取っている。しかしながら、エリアマネジメント活動の多くは、地域や行政とのネットワーク、エリアマネジメントの専門的スキルなどが必要とされる。組織の継続性のためにも、専門家やプロパー人材等の採用、育成が望まれるが、現段階において専門家は少ない。

プロパー人材を採用した場合は雇用に必要となる社会保障、昇進・昇給、モチベーションの維持向上、組織の継続性など検討すべき項目は多く、事業者の了解を得ることが必要となる。

⑤フリーライダーの負担拡充

グランフロント大阪のエリアマネジメント活動などにより多くの来街者があり、周辺地域にもその経済的恩恵が滲み出ている。特に、当該地区に隣接する飲食店、コンビニ、サービス店舗などは売り上げ増となっている。

今後、これらの事業者への波及効果を経済的に把握し、周辺環境向上を目的にエリアマネジメント活動への参加を促すための検討を進めることが課題である。

(2) うめきた二期の開発動向

　グランフロント大阪の西側に広がる 16ha のうめきた二期エリアは、2014 年（平成 26 年）3 月に事業コンペが実施され当社を含む 20 事業者が一次審査で選定された。その後 2015 年（同 27 年）3 月には大阪市が街づくり方針を公表し「みどりとイノベーションの融合拠点」という目標と①新産業創出②国際集客・交流③知的人材育成という導入すべき都市機能が示された。

　そして 2018 年（平成 30 年）7 月に、開発事業者が三菱地所他 8 社によるJVに選定された。4.5ha の大阪市が整備する都市公園を中心に南北にオフィス、ホテル、商業施設、MICE 施設、イノベーション施設、都市型スパ、分譲住宅などが入居する複合開発であり、約 53ha の延床面積、2020 年（同 32 年）着工、2024 年（同 36 年）夏の開業を目指している。また、同時期に、関西空港から発着する特急はるかの地下駅が 2023 年（同 35 年）に新設され、グランフロント大阪とも直結することが決定している。

　関西に残された超一等地と言われた「うめきた」はこの第二期エリアの竣工で完成する。隣接するグランフロント大阪と「うめきた」のエリアマネジメントを推進していくことにより、関西の活性化の拠点として発展していくことが望まれる（図 9-23）。

図9-23　うめきた二期将来予想図
（出所）三菱地所株式会社提供

(3) 地域再生法の一部を改正する法律案

2018年（平成30年）6月に「地域再生法の一部を改正する法律案が公布・施行された。

これは、内閣官房まち・ひと・しごと創生本部事務局および内閣府地方創生推進事務局において取りまとめられたものである。

2016年（平成28年）に「日本版BIDを含むエリアマネジメントの推進方策に関する検討会」が4回開催され、地域の稼ぐ力を高めるための官民連携したエリアマネジメント活動についてその役割や課題を整理するとともに、海外の先進事例などに学び、わが国におけるエリアマネジメントの推進方策を検討し「中間とりまとめを」した。

この「中間とりまとめ」に基づき、フリーライダーの出現防止によるエリアマネジメント団体の財源確保をはじめとしたエリアマネジメントの推進方策について、必要な法制を含め制度化などの施策展開につなげていくとして、「まち・ひと・しごと創生総合戦略」が2017年（平成29年）12月に閣議決定された。

そして、「地域再生エリアマネジメント負担金制度」が創設された。

負担金制度の対象となるエリアマネジメント活動には来訪者や滞在者を増加させるイベントや情報発信、オープンテラスの活用、サイクルポートの設置、警備、清掃などであり、大阪版BIDで含まれなかったイベント等が対象となった。

また、負担金の徴収対象となる事業者とは、①小売・サービス事業者、②不動産貸付事業者などとなっており、大阪BIDでは対象となっていない小売・サービス事業者が対象に加わっている。

今回の法改正は、大阪や丸の内などの先行事例も研究した上でとり進められてきた経緯があり期待したい。

一方で、今後、3分の2の同意という部分と事業機会の拡大や収益性の向上といった「受益を定量的に評価する」という部分をいかに理論構築していけるかが課題となるであろう。

(4) おわりに

現在、急速な円安の進展、アジア諸国の経済発展、中国やタイのビザ

の緩和措置などにより、日本に訪れるアジア観光客が急増している。グランフロント大阪においても香港、中国、台湾などの訪日外国人が急増している。

特に、アジア諸都市と関西圏の表玄関である関空とは移動時間、LCCの便数などから東京に比べて比較優位な現状にある。また、観光目的の上位を占める「歴史文化」についても、関西のストックは日本全国で群を抜いている。日本の国宝の6割、重要文化財の半分が関西圏に存在し、京都、奈良などの古都には欧米人を含め多くの人々が訪れている。特に日本の16の「世界遺産」のうち5つは関西に存在する。

大阪はこの5つの世界遺産がある京都、奈良、姫路などに1時間以内でアクセスすることができる。さらに観光目的の上位に入る「ショッピング」についても、梅田の百貨店の床面積は2012年（平成24年）の阪急百貨店開業時点で新宿を抜いて日本一になっており、さらに2021年には阪神百貨店梅田本店が全面開業し、アジア観光客の旺盛な消費への対応が可能となっている。

また、2025年開催の大阪・関西万博も訪日客増を後押しする。

一方、グランフロント大阪ではホテル、グルメ、ショッピングのニーズを満たすとともに、朝4時までオープンするうめきたフロアにより安全安心なナイトライフが充実している。ナレッジキャピタルでは日本の先端技術に触れることができる。

さらに、うめきた広場やナレッジプラザなどで日々開催される様々なイベントを通じて旬なエンターテインメントを体感することにより、現代の日本文化を知ることができる。レンタサイクル、うめぐるバスは大阪・梅田周辺を気軽に周遊できる。

エリアマネジメントの活動は都市魅力の掘りおこしであり、地域のブランド力の強化につながる。これはわが国が進める都市観光振興にとって、国際競争力の高い観光地形成の一助になると考える。

日々250万人の関西最大の乗降客を誇る大阪・梅田駅に直結するグランフロント大阪のエリアマネジメントの活動が大阪、関西の地域活性化の一助となるよう、さらには、うめきた第二期とも連携することでさら

なる高みを目指していけると信じている。

参考文献・資料

Ⅰ.
大阪駅北地区国際コンセプトコンペ実行委員会 (2002)「大阪駅北地区国際コンセプトコンペ」(https://compe.japandesign.ne.jp/report/osakaeki/)。
大阪市 (2003)「大阪駅北地区全体構想」(http://www.city.osaka.lg.jp/toshikeikaku/cmsfiles/contents/0000005/5356/koso_01.pdf)。
大阪市 (2004)「大阪駅北地区まちづくり基本計画」(http://www.city.osaka.lg.jp/toshikeikaku/page/0000020299.html)。
(独) 都市再生機構西日本支社 (2007)「大阪駅北プロジェクト (パンフレット)」。
(独) 都市再生機構西日本支社 (2014)「うめきた先行開発区域―まちづくり事業誌」。

Ⅱ.
大阪駅北地区まちづくり推進機構 (2005)「ナレッジ・キャピタルの実現に向けて」
ナレッジ・キャピタル企画委員会 (2005)「「ナレッジ・キャピタル構想」に向けての提言―未来の生活を、ともに知り、学び、創るまち」(http://www.city.osaka.lg.jp/toshikeikaku/cmsfiles/contents/0000020/20310/a.pdf)。

Ⅲ.
一般社団法人ナレッジキャピタル・株式会社KMO (2018)「グランフロント大阪 知的創造・交流の場「ナレッジキャピタル」5年間の活動とNEXT VISIONを発表」(https://kc-i.jp/Content/601)。
大阪市 (2004)「大阪駅北地区まちづくり基本計画」(http://www.city.osaka.lg.jp/toshikeikaku/page/0000020299.html)。
大阪市 (2013)「うめきたにおけるグローバルイノベーション創出支援の基本方針 (案)」(http://www.city.osaka.lg.jp/keizaisenryaku/cmsfiles/contents/0000423/423891/01doc3_1.pdf)。
大阪市 (2018)「平成29年度第2回大阪市イノベーション促進評議会 資料」(http://www.city.osaka.lg.jp/keizaisenryaku/page/0000423891.html)。
経済産業省 (2016)「都道府県別開廃業率」『2016年版 中小企業白書』。
ナレッジ・キャピタル企画委員会 (2005)「「ナレッジ・キャピタル構想」に向けての提言―未来の生活を、ともに知り、学び、創るまち」(http://www.city.osaka.lg.jp/toshikeikaku/cmsfiles/contents/0000020/20310/a.pdf)。
三菱地所株式会社ほか (2008)「大阪駅北地区先行開発区域の計画概要について」(https://kc-i.jp/Content/200)。
三菱地所株式会社ほか (2010)「大阪駅北地区先行開発区域プロジェクト 新築工事着工のお知らせ」(https://kc-i.jp/Content/205)。

Ⅳ.
廣野研一 (2016)「新しい都市マネジメントのあり方―グランフロント大阪TMOのI・D・E・A」『市街地再開発』No.554。
廣野研一 (2016)「日本初・大阪版BIDを活用したグランフロント大阪TMOのエリアマネジメント―大阪市エリアマネジメント活動促進条例の導入、今後の課題」『都市計画』323号。
大阪市 (2016)「エリアマネジメント活動促進制度の概要」(http://www.city.osaka.lg.jp/toshikeikaku/page/0000263061.html)。
三菱地所ほか (2018)「うめきた2期地区 (民間提案街区) 開発事業開発事業者に選定」(http://www.mec.co.jp/j/news/archives/mec180712_umekita2.pdf)。

執筆者紹介

佐藤道彦
（さとう　みちひこ）
［序、第1章、第7章］

編者紹介参照

廣常啓一
（ひろつね　けいいち）
［第2章］

株式会社新産業文化創出研究所（ICIC）代表取締役所長。公益財団法人りそなアジア・オセアニア財団理事。立命館大学文学部、産業社会学部卒業。日本経済広告社を経て、ICICを設立し現職。「国際花と緑の博覧会」プロデューサー、「昆明世界園芸博覧会」計画検討委員など多くの博覧会プロデューサー・委員を歴任。公園の整備や経営（公民連携による公園整備やパークマネジメント）の指導、公園を核としたまちづくり計画や調査などを各地で実施。

佐野修久
（さの　のぶひさ）
［第3章、第4章、第5章、第6章］

編者紹介参照

大阪市経済戦略局観光部集客拠点担当
（おおさかし　けいざいせんりゃくきょく　かんこうぶ　しゅうきゃくきょてん　たんとう）
［第8章Ⅰ］

集客拠点担当：大阪城公園、天王寺公園等集客拠点の魅力向上につながる総合的な企画、調査及び推進に関することを担当。
執筆：集客拠点担当課長　久村宗憲

米田巳智泰
（よねだ　みちひろ）
［第8章Ⅱ］

大阪城パークマネジメント株式会社取締役、施設総務部長、大阪城パークセンター長（大阪城パークマネジメント事業現場統括責任者）。関西大学経済学部卒。大和ハウス工業株式会社にて事業用建物の建築部門の営業に従事。その後、群馬支店建築営業所長を経て現職。

中之坊健介
（なかのぼう　けんすけ）
［第8章Ⅲ］

近鉄不動産株式会社取締役、アセット事業本部事業開発推進部、ハルカス運営部担当。京都大学法学部卒。近畿日本鉄道入社後、近鉄不動産、アメリカ近鉄興業出向を経て、近畿日本鉄道にてあべのハルカス担当。その後、再度近鉄不動産に出向し、現職。

大阪市建設局公園緑化部調整課
（おおさかし　けんせつきょく　こうえんりょくかぶ　ちょうせいか）
［第8章Ⅳ］

田中啓介
（たなか　けいすけ）
［第9章Ⅰ］

株式会社URリンケージ常務執行役員、西日本支社都市再生本部長。大阪大学工学部卒、大阪大学大学院工学研究科前期課程建築工学専攻修了。日本住宅公団・独立行政法人都市再生機構を経て現職。著書に『密集市街地の防災と住環境整備』（共編、学芸出版社）。

塚本貴昭
（つかもと　たかあき）
［第9章Ⅱ］

独立行政法人都市再生機構西日本支社都市再生業務部長。大阪大学工学部卒。

山口あをい （やまぐち　あをい） ［第9章Ⅲ］	ASIC 代表。一般財団法人大阪科学技術センターアドバイザーほか。同志社大学文学部卒。大阪市入庁後、科学技術振興担当部長、イノベーション担当部長、都市計画局理事として、うめきた先行開発並びに2期開発を担当。
廣野研一 （ひろの　けんいち） ［第9章Ⅳ］	株式会社東京国際フォーラム取締役広報部長。NPO 大丸有エリアマネジメント協会理事、一般社団法人千代田区観光協会理事、成蹊大学非常勤講師、京都大学経営管理大学院研究会委員等。成蹊大学経済学部卒。三菱地所株式会社入社後、大丸有再開発計画推進協議会事務局長、NPO 大丸有エリアマネジメント協会理事、三菱地所大阪支店副支店長を歴任。一般社団法人グランフロント大阪 TMO 事務局長兼務を経て現職。東西のエリアマネジメント組織を設立し地域活性化を推進。

編者紹介

佐藤道彦
（さとう　みちひこ）
［序、第 1 章、第 7 章］

大阪公立大学大学院都市経営研究科教授（実務型専任）。摂南大学非常勤講師。まちづくりイノベーション研究所代表。スマートワーク推進アカデミー理事。日本都市計画学会関西支部顧問。京都大学工学部土木工学科卒、大阪府立大学経済学研究科修士課程修了（修士（経営学））。大阪市都市計画局長、西日本旅客鉄道創造本部アドバイザー・ジェイアール西日本コンサルタンツ顧問、堺市副市長を経て現職。現在までに、JICA 専門家としてマレーシアに 2 年間派遣。JICA 研修講師、京都大学工学部土木工学科大学院非常勤講師や大阪経済大学非常勤講師のほか、国土政策研究会関西支部 PPP・PFI を主とした民間資金の活用研究部会長などを歴任。著書に『60 プロジェクトによむ 日本の都市づくり』（共著、朝倉書店）、『もし社会人が大学院に通って MBA を取得したら―続社会人大学院へのススメ』（共著、エヌ・ティ・エス出版）、『都市経営からまちづくりを考える―まちづくりにイノベーションを起こす方法』（大阪公立大学出版会）などがある。

佐野修久
（さの　のぶひさ）
［第 3 章、第 4 章、第 5 章、第 6 章］

大阪公立大学大学院都市経営研究科教授。北海道大学法学部卒、東洋大学大学院経済学研究科修士課程修了（修士（経済学））。北海道東北開発公庫（現 株式会社日本政策投資銀行）入庫。北海道支店、地域企画部、富山事務所等で勤務後、香川大学大学院地域マネジメント研究科教授、釧路公立大学地域経済研究センター長・教授を経て大阪市立大学大学院都市経営研究科教授（大阪市立大学は大阪公立大学に移行）。自治大学校等の非常勤講師を務めるほか、公共経営・地域政策等に関する地方自治体・経済団体等の委員を歴任。編著書に『自治体クラウドファンディング』（学陽書房）、『公共サービス改革』、『公有資産改革』、『PPP の進歩形 市民資金が地域を築く』、『PPP ではじめる実践 '地域再生'』（以上、ぎょうせい）などがある。

都市経営研究叢書1

まちづくりイノベーション
公民連携・パークマネジメント・エリアマネジメント

2019年3月25日　第1版第1刷発行
2023年9月5日　第1版第2刷発行

編　者——佐藤道彦・佐野修久
発行所——株式会社 日本評論社
　　　　〒170-8474 東京都豊島区南大塚3-12-4
　　　　電話 03-3987-8621（販売）-8601（編集）
　　　　https://www.nippyo.co.jp/　振替 00100-3-16
印　刷——平文社
製　本——牧製本印刷
装　幀——図工ファイブ

検印省略　©M. Sato and N. Sano 2019
ISBN978-4-535-58732-8　Printed in Japan

JCOPY 〈(社)出版者著作権管理機構 委託出版物〉本書の無断複写は著作権法上での例外を除き禁じられています。複写される場合は、そのつど事前に、(社)出版者著作権管理機構（電話 03-5244-5088、FAX 03-5244-5089、e-mail: info@jcopy.or.jp）の許諾を得てください。また、本書を代行業者等の第三者に依頼してスキャニング等の行為によりデジタル化することは、個人の家庭内の利用であっても、一切認められておりません。

人とのつながりを大切にし、就業者・来街者・住民（市民）が参加・活動することにより、継続的な賑わいを創出するとともに、街のファンづくり、街のブランディングにつなげていく取組み

・2015年度の活動回数427回

図9-20　SOCIOの活動
（出所）一般社団法人グランフロント大阪TMO作成

の高い活動を実施している個人や団体をTMOで認定し、その活動がグランフロント内で開催されることにより街のイメージアップ、参加者の街への帰属意識が高まることを期待している。

　現在、ヨガ、音楽、書道など約20団体がTMO内に設置されたソシオ事務局の運営のもと活動している。一例を挙げると、「ハートソシオ」がある。大阪市内に数多く設置されているAEDを正しく使用できる人を増やし「安全・安心な大阪」というイメージアップを併せて図る活動であり、隔週で京大病院の医師がAEDの使用方法をうめきた広場のSHIPホールで指導するのだが、人気の高まっている大阪マラソン、京都マラソンの開催前には毎回の受講者が100人を超えるなど人気の活動となっている（図9-20）。

　また、コンパスサービスは街区内に設置された29台のインタラクティブ端末「コンパスタッチ」やスマートフォンの専用アプリが連動し、まちと人をつなげるICTツールとして利用されている。

　具体的には館内案内にとどまらず、うめぐるバスの現在位置の確認な

どもできる。また、主催イベント開催時には、館内の回遊を促進させるためにコンパスタッチに実装されているカメラでイベントの画像を背景に記念撮影ができるようにするなど、さまざまな活用が試みられている。今後も、来場者にさまざまな情報提供するだけでなく来場者情報を得るインフラとしての活用が望まれる。

⑥外部連携によるエリアマネジメント

大阪・梅田駅周辺の地権者である、JR西日本、阪急電鉄、阪神電気鉄道、グランフロント大阪TMOは2009年（平成21年）11月に梅田地区エリアマネジメント実践連絡会（以下：実践連絡会）を発足した。

この背景には、4社の大規模開発が同時進行するなかで、広域梅田、すなわち「大梅田」においてエリアマネジメントを中心としたまちづくりについて学識者、財界、行政、民間事業者による議論が展開され、梅田地区で大規模施設を運営している4社が連携することで、エリア全体の競争力、集客力、地域力を高め、梅田地区の持続的な発展を目指すことを目的としている。いわば「大梅田」の最初の緩やかなエリアマネジメント組織の誕生である。

具体的な活動として、まちづくりの行動指針である「コンセプトブック」を策定し（2015年3月改定）、将来像を4社で共有化しながら一体となったまちづくりを展開し、毎年PDCAを実行している（図9-21）。

「コンセプト」は現状把握から導き出された。

強みをさらに伸ばす「駅から広がる街づくり」、課題を改善する「歩いて楽しい街づくり」、新しい魅力を付加する「新しい時代の街づくり」と3つの「コンセプト」からなっており、それぞれ目標とする将来像・活動戦略、これまでの具体的活動案、これからさらに取り組むことが詳述されており、毎年、進捗状況を確認し、次節の取り組み方針を4社で決定している。

また、「大梅田」のエリア全体を活性化するために、夏には「梅田ゆかた祭り」、冬には「スノーマンフェスティバル」を開催することにより、うめきた、JR大阪駅、阪急・茶屋町、阪神・西梅田などとの地域連携、回遊性を創出している。

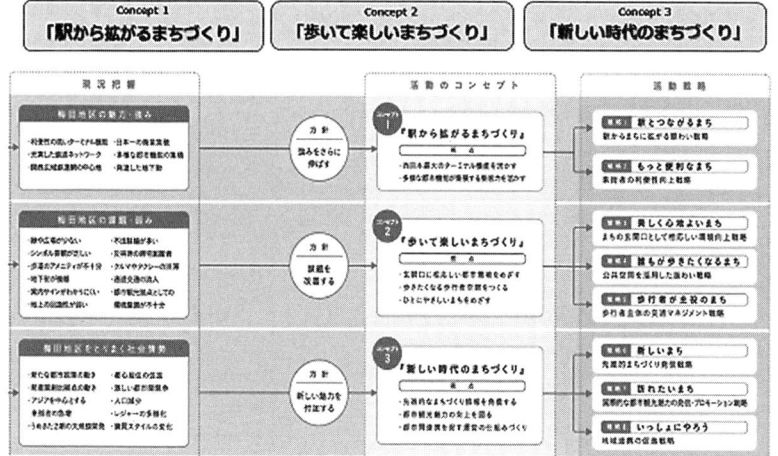

図9-21　コンセプトブック
(出所)梅田地区エリアマネジメント実践連絡会作成

　2014年度(平成26年度)より国交省で創設された国際競争力強化促進事業制度「シティセールス支援事業」に実践連絡会事務局として取り組み、梅田地区全体の模型作成、多言語パンフレットやビデオの制作、無料Wi-Fiの整備などを行うことにより、国際的な情報発信、急増する外国人へのホスピタリティ高い環境整備を推進した。2016年(平成28年度)9月にグランフロント大阪にて開催された国際不動産見本市「MIPIM JAPAN-ASIA PASIFIC 2016」において実践連絡会として出展し、前述の模型やパンフレット、ビデオを披露し各国から好評を得た。

　2002年(平成14年度)のNPO大丸有エリアマネジメント協会設立が端緒となり、わが国における本格的なエリアマネジメント活動が始まった。15年を経て多くの地域にエリアマネジメント組織が組成された。この多くのエリアマネジメント組織の賛同を得て、2016年(同28年)7月に「全国エリアマネジメントネットワーク」(会長:小林重敬横浜国大名誉教授)が発足し、実践連絡会はNPO大丸有エリアマネジメント協会、法政大学保井教授とともに副会長を担うこととなった。

　本ネットワークは、全国のエリアマネジメント組織による連携、協議

の場を提供し、エリアマネジメントに係る政策提案、情報共有および普及啓発を行い、行政との連携を通じてエリアマネジメントの発展を支えることを目的としている。

2．BID条例の適用

前述の日本で初めて導入された通称、大阪版BID制度は、2014年（平成26年）4月に施行された大阪市エリアマネジメント活動促進条例に基づく制度である。2015年（同27年）4月より大阪市が受益者である地権者から納入された分担金をTMOに補助金として交付し、それを財源にTMOが公共施設である大阪市の歩道の維持管理を行っている。

本条例は既存法を組み合わせて構成されている。

まずは都市計画法の地区計画、都市再生特別措置法の都市再生整備計画と都市利便増進協定でエリアマネジメント活動を位置づけ、さらに地方自治法の分担金で金銭賦課、補助金で分配を可能とした。

具体的には、TMOを都市再生推進法人に指定後、都市再生整備計画を策定してエリアマネジメントを位置づけ、都市利便増進協定の締結・認定、地区運営計画の作成・認定、その後大阪市が分担金を地権者から徴収、都市再生推進法人であるTMOに交付する仕組みである。

2013年（平成25年）の開業以降、歩道の維持管理に関しては、すでにTMOが地権者から維持管理費用を徴収し実施していた。今般、このように、地権者から大阪市、そしてTMOへと維持管理費用が迂回することに対して、地権者の反発も予想された。しかし第一に、大阪版BID制度の導入に伴い歩道上の道路占用料が減免されること、第二に今般のBID制度導入により将来的に地権者やTMOにとっても、不動産価値を向上するエリアマネジメント活動を円滑に進め、税制面をはじめとしてさまざまな規制緩和の恩恵を受ける可能性が出てくることなどにより理解がされたと考えている（図9-22）。

一方で、現行の分担金制度の問題点は次のとおり。

まず、分担金制度は条例で地域を限定して強制徴収も可能とするものであり、制度の継続性が担保されるが、一方で受益と負担の関係性が求

3．広範なエリアマネジメントへの展開

(1) 今後の課題

　開業から丸5年を経て順調に発展し大阪の新名所となったグランフロント大阪であるが、今後とも街づくりのビジョンである「多様な人々や感動との出会いが新しいアイディアやイノベーションを育むまち」であるためには、常に社会的にも意義のある新しい事柄にチャレンジすることが必要であり、またそのチャレンジを継続できる土壌となるエリアマネジメントの仕組みの充実が必要である。

　グランフロント大阪の発展により、交流人口が増大、経済活動が活発化し、地域は活き活きとした活気にあふれている。その結果、商業・企業集積の促進、地価の上昇などは大阪市に公租公課の税収増をもたらし広く大阪の発展にもつながっていると考える。また、歩道や広場等の公共空間の維持管理やコミュニティバスの運営も手掛けるTMOは新しい公共サービスの担い手である。

　全国に先駆けた大阪版BIDはこの新しい公共サービスを担うエリアマネジメント制度を進めていくための重要な一歩だったと考えるが、まだ課題は山積している。ここで官民で認識しているいくつかの課題を列記する。

　①補助金の使途拡大

　分担金で大阪市に徴収され交付される補助金の使途は道路の維持管理に限定されており、地域活性化のためのイベント・プロモーションなどには使用できない。

　②税制優遇

　一般社団法人であるTMOは事業者から業務委託された予算を節約しながら運営した結果、年度末に残余金が発生した場合、これが利益と見なされ事業所税、法人税などが課税される。先行するニューヨークのBIDの場合は、そもそもBID団体は準公共団体として非課税であり、交付された補助金も使途が限定されておらずイベント・プロモーションにも使用することが可能である。地域の発展を担うエリアマネジメント活動の持続的発展のためには、補助金の使途拡充やTMOへの税制優遇、

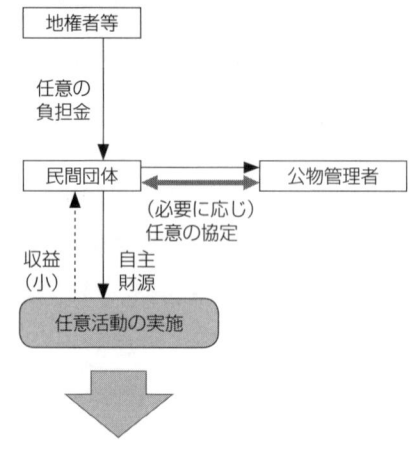
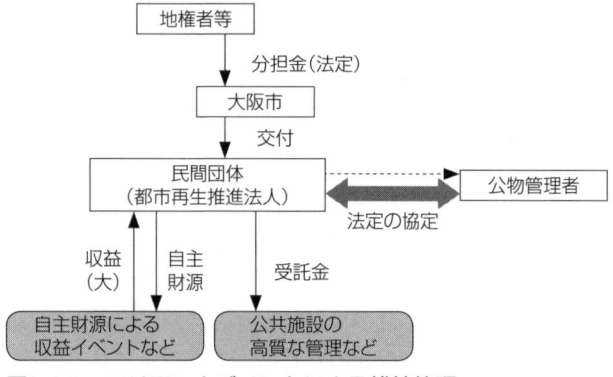

図9-22　エリアマネジメントによる維持管理
(出所)大阪市ホームページ「エリアマネジメント活動促進制度の概要」より

められ、結果として歩道の管理など公共施設の管理に使途が限定される。

また、補助金は年度内に使用する単年度精算のため、残額が出れば大阪市に返納、不足がある場合は受益者である地権者からTMOが追加徴収のかたちをとる。期中、期末の精算作業が煩雑である上、コストを圧縮するなどの経営努力も働かない。今後は、期中の精算作業の回数を減らしたり、精算金額が交付金よりも下回ったりした際には、残金は返納せずに次期補助金に繰り入れられるなどの、制度改善が求められる。